职业教育应用型人才培养培训创新教材

二维动画项目案例制作

孙莹超 刘德标 ◎ 主 编
姚慧莲 王江荟 ◎ 副主编

清华大学出版社
北京

内容简介

本书主要介绍 Flash 二维动画的设计与制作。本书以职业能力培养为出发点，以任务驱动的方式组织内容，以真实的项目进行讲解。本书从读者的需求出发，主要讲述了动画的发展、分类以及判定动画片好坏的标准；剖析了行业内优秀二维动画片的制作和营销模式；通过编者亲身经历并参与的优秀动画实训项目，并将其分为传统、商业、市场、MG 动画四种不同类型项目案例，逐一进行阐述与展示。

本书适合作为职业院校动画、游戏等相关专业的教材，也适合作为影视制作专业人员以及动画培训班的教材。

本书封面贴有清华大学出版社防伪标签，无标签者不得销售。
版权所有，侵权必究。举报：010-62782989，beiqinquan@tup.tsinghua.edu.cn。

图书在版编目（CIP）数据

二维动画项目案例制作/孙莹超等主编. —北京：清华大学出版社，2020.8（2023.7重印）
职业教育应用型人才培养培训创新教材
ISBN 978-7-302-55332-8

Ⅰ．①二… Ⅱ．①孙… Ⅲ．①动画制作软件－职业教育－教材 Ⅳ．①TP391.411

中国版本图书馆 CIP 数据核字（2020）第 063326 号

责任编辑：王剑乔
封面设计：刘　键
责任校对：刘　静
责任印制：沈　露

出版发行：清华大学出版社
网　　址：http://www.tup.com.cn，http://www.wqbook.com
地　　址：北京清华大学学研大厦A座
邮　编：100084
社 总 机：010-83470000
邮　购：010-62786544
投稿与读者服务：010-62776969，c-service@tup.tsinghua.edu.cn
质量反馈：010-62772015，zhiliang@tup.tsinghua.edu.cn
课件下载：http://www.tup.com.cn，010-83470410

印 装 者：三河市龙大印装有限公司
经　　销：全国新华书店
开　　本：210mm×285mm　　印　张：6.25　　字　数：176千字
版　　次：2020年8月第1版　　印　次：2023年7月第2次印刷
定　　价：59.00元

产品编号：074713-01

本书编委会

主　任：

　　陈　辉

副主任（以姓氏拼音为序）：

　　蔡毅铭　陈春娜　陈　健　戴丽芬　何杰华　黄文颖

　　李唐昭　梁丽珠　刘德标　吕延辉　孙莹超　徐　慧

委　员（以姓氏拼音为序）：

　　陈　爽　陈伟华　甘智航　龚影梅　黄嘉亮　刘小鲁

　　莫泽明　孙良艳　王江荟　吴旭筠　杨子杰　姚慧莲

前　言

习近平总书记在党的"二十大"报告中指出：教育、科技、人才是全面建设社会主义现代化国家的基础性、战略性支撑。必须坚持科技是第一生产力、人才是第一资源、创新是第一动力，深入实施科教兴国战略、人才强国战略、创新驱动发展战略，这三大战略共同服务于创新型国家的建设。职业教育与经济社会发展紧密相连，对促进就业创业、助力经济社会发展、增进人民福祉具有重要意义。

在数字化的时代背景下，对于每一位从事相关行业的工作者来说，熟练掌握数字动画的设计和制作方法已成为一项技能。在我国职业教育蒸蒸日上的浪潮中，编者们在各自的工作岗位上开展了很多富有实效的校企合作项目，并积攒了很多成功案例与优秀动画制作的经验。为了使刚进入动画行业的老师与学生更快地熟悉二维动画制作并快速成长，少走一些弯路，我们开始了编写本书的计划与筹备工作。本书写作历时一年之久，资料大都来源于编者近几年亲身参与的动画制作项目。

"二维动画项目案例制作"是动画专业学生的必修课，是学习动画制作技术的核心课程。本书将专业内容与教育学的"知""信""行"的认知原理相结合，分为3章：知——动画基础知识；信——行业动画案例剖析；行——二维动画制作实训案例。其中，重点是第3章。第3章将二维动画中传统、商业、市场、MG动画四种不同类型的项目案例进行逐一阐述与展示，对项目背景、项目目标、项目时间、项目制作流程进行了详细的介绍，图文并茂，是很宝贵的"干货"与经验分享。这也是与同类型二维动画或者Flash动画设计与制作书籍的不同之处。

本书是二维项目动画实训教材，所以要求学习本书的学生必须具有一定的动画软件（Flash、Adobe After Effects、Adobe Audition等）操作基础与经验，否则案例展示部分中的有些操作可能理解起来会有些困难与不知所措。

为了更好地使用本书，建议读者先精读第1章，通读第2章，根据自己的需求或者任务，精读第3章，并且可以按照第3章中的项目案例进行项目模仿与项目制作（第3章中每个项目的配套素材和成品动画可扫描书中相应位置的二维码下载使用）。

本书中用到的资料和插图有些来源于网络，编者尽力查阅到其创作者并备注出来，如果有些资料和图片没有备注还请谅解，或者联系主编进行修改。本书的编写得到了院校领导的大力支持和专业教研组同事的支持与协助，特别感谢顺德梁銶琚职业技术学校星动力动画工作室成员提供的资料以及教材的微课与项目案例展示。心怀感恩之心，感谢编写过程中帮助过我们的人。我们坚信：越努力，越幸运！

编　者
2023年7月

目 录

第1章 动画基础知识

1.1 动画概述 ... 1
1.1.1 认识动画 ... 1
1.1.2 动画的发展 ... 1

1.2 动画的分类 ... 3
1.2.1 传统（有纸）动画 ... 3
1.2.2 计算机（无纸）动画 ... 5

1.3 评定二维动画好坏的方法 ... 11
1.3.1 根据作品整体构图和色调评定 ... 11
1.3.2 根据分镜头评定 ... 13
1.3.3 根据作品的文化性、艺术性、审美性评定 ... 14
1.3.4 根据细节处理评定 ... 14

第2章 行业动画案例剖析

2.1 《喜羊羊与灰太狼》动画成功案例剖析 ... 15
2.2 宫崎骏动画电影的成功因素剖析 ... 19

第3章 二维动画制作实训案例

3.1 初出茅庐：传统二维动画实训案例 ——《破蛋》(传统) ... 23
3.1.1 项目背景 ... 23
3.1.2 项目目标 ... 23
3.1.3 项目时间 ... 23
3.1.4 分配任务 ... 23
3.1.5 项目实施 ... 23
3.1.6 项目总结 ... 37

3.2 小试牛刀：和的慈善基金会本土文化实训案例——《香云纱》(商业) ... 37
3.2.1 项目背景 ... 37
3.2.2 项目目标 ... 37
3.2.3 项目时间 ... 37

3.2.4　分配任务 ·· 37
　　　3.2.5　项目实施 ·· 38
　　　3.2.6　项目总结 ·· 48
3.3　合作共赢：与佛山闪光动漫合作实训案例——《出国移民》动画
　　（市场） ··· 49
　　　3.3.1　项目背景 ·· 49
　　　3.3.2　项目目标 ·· 49
　　　3.3.3　项目时间 ·· 49
　　　3.3.4　分配任务 ·· 49
　　　3.3.5　项目实施 ·· 49
　　　3.3.6　项目总结 ·· 56
3.4　独当一面：职业教育促进委员会实训案例——《做好职业教育的
　　"第三方"》（MG 动画） ··· 56
　　　3.4.1　项目背景 ·· 56
　　　3.4.2　项目目标 ·· 56
　　　3.4.3　项目时间 ·· 56
　　　3.4.4　分配任务 ·· 56
　　　3.4.5　项目实施 ·· 57
　　　3.4.6　项目总结 ·· 71
3.5　独当一面：佛山两会动画实训案例——《佛山经济就是这个"范儿"》
　　（MG 动画） ··· 72
　　　3.5.1　项目背景 ·· 72
　　　3.5.2　项目目标 ·· 72
　　　3.5.3　项目时间 ·· 72
　　　3.5.4　分配任务 ·· 72
　　　3.5.5　项目实施 ·· 72
　　　3.5.6　项目总结 ·· 81
3.6　独当一面：金婚纪念献礼实训案例——《爱，一辈子》（MG 动画）········ 81
　　　3.6.1　项目背景 ·· 81
　　　3.6.2　项目目标 ·· 81
　　　3.6.3　项目时间 ·· 81
　　　3.6.4　分配任务 ·· 81

3.6.5 项目实施 ·· 81

3.6.6 项目总结 ·· 89

参考文献

本书教学课件.rar
（扫描可下载使用）

第 1 章 动画基础知识

1.1 动画概述

1.1.1 认识动画

动画是由按顺序连续播放的一连串静态影像构成的,是作者根据自己的意图让没有生命的东西动起来,从而显得有生命,在英文里为 animation,包含"赋予生命"的意思,其字源来自拉丁语 anima,意思是"呼吸、灵魂"。animate 因此被表示为"使……活起来""赋予……以生命""给……以精神"和"鼓舞……的勇气"的意思。

国际动画协会组织(ASIFA)1980 年在 Zegreb 会议中对动画 Animation 一词所给的定义为:"动画艺术是指除真实动作或方法外,使用各种技术创作活动影像,即是以人工的方式创造动态影像。"

1.1.2 动画的发展

现有资料显示,距今万余年前的西班牙北部阿尔塔米拉洞穴的壁画中,有一副旧石器时代的野牛图(见图 1-1),野牛的尾巴和腿均被重复地画了几次,使人看起来有野牛在奔跑的感觉,人们称之为"动画现象"。埃及的墙饰上描绘着两个摔跤手的连续动作,其动作分解准确,过程表现完整,距今已有两千多年。希腊人也利用了相同的原理,在陶器上描绘出运动员跑步的连续动作图案,看陶器时,将视线固定在一点,转动陶器就会看见运动员的连续动作。由此可见,早期的人类就有意识将生命的动感表现在连续动作的图画中。

↑ 图 1-1 野牛图

无论是重叠性绘画还是连续性绘画,都只是把不同瞬间的动作过程画在一起,用于记录某一个动作的瞬间,虽然表达了对运动过程记录的渴望,但并未真正地表现出物体运动的时间和空间形态,记录的画面仍然是静止的。于是在人类不断的尝试中,16 世纪西方国家出现了手翻书的雏形,当一些画面快速、连续或者交替出现的时候,画面内的物体会产生运动的感觉,这与现在的动画有着共通之处,于是"视觉暂留"的现象被提出,并引起了一阵实验热。

1824 年,法国人保罗·罗杰用一个玩具——留影盘首先证实了"视觉暂留"这一原理。"留影盘"这个名词源于希腊语,意思是"魔术画片"(thaumatrope)。所谓的"魔术画片"就是一个两面画着不同图画的硬纸片,当纸片快速连续旋转时,观察者眼睛里还保留着刚过去的画面,紧接着又有一副画面出现,因此,我们不会看见单独的画面,而是看到组合在一起的正反两面图像相互融合的画面(见图1-2)。

欧洲和美洲的其他一些国家还出现了更为复杂的"旋转圆筒画"(见图1-3)和"诡盘"(见图1-4)等,通过这些装置,人们可以看到活动的绘画形象。

图1-2 魔术画片

图1-3 画在圆筒上的动画

1895年,法国的卢米埃尔兄弟运用"视觉暂留"的原理,发明了设有间隙抓遮片装置的"电影放映机",以每秒16画格的速度使胶片间歇地通过片门进行逐格连续播放,从而发明了电影放映的关键技术。电影技术的应用为以后动画的产生创造了物质条件。1906年,美国的斯图尔特·布莱克顿做出了对动画贡献最大的一件事:拍摄了在黑板上做的动画《一张滑稽面孔的幽默姿态》(见图1-5),被公认为是世界上第一部动画影片。

图1-4 诡盘

图1-5 《一张滑稽面孔的幽默姿态》

同年,法国人埃米尔·柯尔运用摄影机上的停格技术拍摄了世界上第一部动画系列影片《幻影集》(见图1-6)。影片表现了一系列影像之间神奇的转化,散发出独特的艺术魅力,这部影片也标志着动画电影的正式诞生。埃米尔·柯尔是第一个利用遮幕摄影(matte photography)技术结合动画和真人动作的动画家,因此被奉为当代动画之父。

1915年,美国人艾尔·赫德发现了透明的赛璐珞片,用以取代以往的动画纸。画家不用在每一格都画上背景,只需将人物单独画在赛璐珞片上,把背景叠在下面拍摄即可。这样不但节约了时间,提高了动画的制作效率,还扩展了动画的表现能力。拍摄时,可以同时把几层绘制好的图片及背景叠放在一起进行逐格拍摄,这就是计算机动画出现之前传统动画的制作方法。

图 1-6 《幻影集》

由于赛璐珞片的出现，动画片便可以批量生产了，许多制片厂开始了卡通动画片的制作。在很长一段时期制作的动画以短片为主，如派拉蒙影业的《大力水手》（见图 1-7）、米高梅公司的《猫和老鼠》（见图 1-8）等，形成了发挥剧本创意、开发造型特色、百家争鸣的动画盛况。此时涌现出了许多国际一流的动画大师，卡通动画制作也成了当时年轻人最喜爱的工作之一，很多漫画、美术人才纷纷加入卡通动画制作的行列。如今，随着时代的发展，动画已涉及到各个领域，如军事、航空航天技术、建筑、电影电视特技、游戏、广告、网络、科普教育等，在各方面的广泛应用使得动画在功能上得到了不断延伸，在意识形态领域和文化教育领域发挥着越来越重要的作用。

图 1-7 《大力水手》

图 1-8 《猫和老鼠》

1.2 动画的分类

1.2.1 传统（有纸）动画

1. 赛璐珞动画

赛璐珞动画是传统动画的代表手法，是将人物角色和背景复制到透明的赛璐珞片上描线、上色并表现出动态效果的动画，如图 1-9 所示。赛璐珞片可以代替动画纸，画家可以不用在每一张纸上重复描画背景，只需将活动的形象单独描画在透明的赛璐

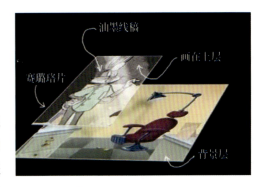

图 1-9 赛璐珞动画

片上，这样节省了大量的时间和人力，也给早期的动画家们提供了更大的发挥空间。如今，纯粹的赛璐珞动画已经是稀有之物。

2. 定格动画

定格动画的制作材料可以是黏土、布偶、沙子、日常用品等任何无生命的物品。制作人员把一块块毫无生命的物体变成了极具生命力的动画形象，给观众带来全新的感受，如图1-10所示。

图1-10 定格动画《通灵男孩罗曼》和摄影棚

3. 剪纸动画

剪纸动画是将人物角色以剪纸的方式表现出来并放在背景上，通过不断更换人物和背景进行拍摄的动画，这种方法与皮影戏非常相似，如图1-11所示。

4. 撕纸动画

撕纸动画是使用单色或双色卡纸小心撕出动画角色的造型再进行拍摄。撕之前需要将角色造型先画出来作为参考，如图1-12所示。

图1-11 剪纸动画　　　　　　　　图1-12 撕纸动画

5. 拼贴动画

拼贴动画是利用杂志上剪下来的图片、照片、布、树叶、树枝等，巧妙组合、拼贴，最终用于动画中，并让它们动起来，如图1-13所示。

图 1-13　拼贴动画

6. 水墨动画

水墨动画可以称得上是中国动画的一大创举。它将传统的中国水墨画引入到动画制作中，那种虚虚实实的意境和轻灵优雅的画面使动画的艺术格调有了重大突破。与一般的动画不同，水墨动画没有轮廓线，水墨在宣纸上自然渲染，浑然天成，每个场景都是一幅出色的水墨画。角色的动作和表情优美灵动，泼墨山水的背景豪放壮丽，柔和的笔调充满诗意。它体现了中国画"似与不似之间"的美学，意境深远。如图 1-14 所示的《小蝌蚪找妈妈》是世界上第一部水墨动画，由上海美术电影制片厂 1960 年制作，1961 年摄制完成并出品。

图 1-14　水墨动画《小蝌蚪找妈妈》

1.2.2　计算机（无纸）动画

1. 二维动画

二维画面是平面上的画面，画面处理更加接近绘画效果，具有较强的装饰美感，主要通过手绘的方法创作，无论画面的立体感有多强，画面的内容是不变的，它终究只是在二维空间中模拟真实的三维空间效果。二维动画与三维动画的区别主要在于二维动画采用不同的方法获得动画中景物的运动效果。在三维画面中，画中景物和相关事物有正面也有侧面与反面，调整三维空间的视点，能够看到不同角度的内容。

计算机制作的二维动画是对手工传统动画的改进。通过输入和编辑关键帧，计算和生成中间帧，定义和显示运动路径和交互式给画面上色并产生一些特技效果，实现画面与声音的同步，控制运动系列的记录等。迪士尼公司首次取材中国民间故事改编而成的长篇动画片《花木兰》(见图 1-15)就是一个很典型的二维动画。

目前，二维动画制作软件比较常用的有 Ulead 公司的 GIF Animator 软件和 Adobe 公司的 Photoshop 与 Flash 软件。

学好二维动画制作，可以在各类 Flash 动画公司、工作室、广告公司、网络公司、电台等就业。学好二维动画的技法和相关软件，可在动画公司里能从事原画动画设计、场景设计、人物设计、插画绘制、动画修型、人物上色、后期制作等工作。

二维动画的分类如下。

1）按照图片性质分类

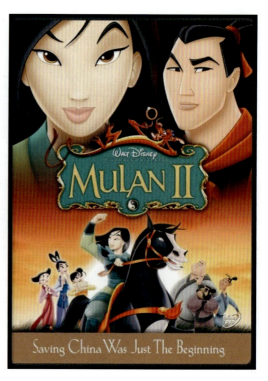

图 1-15 《花木兰》

众所周知，计算机里的文字和图像信息是以数字 0 和 1 组合的方式记录和再现的，因此，人们在计算机屏幕上看到的图形和图像不同于其他介质中的图形和图像。计算机里的图像信息通常有两种来源：第一种是输入设备，如扫描仪、数码相机、手机等，将一些图画、照片以及其他印刷品通过数字化处理以后转移到计算机里，并通过计算机加工和整理最终呈现；第二种是利用计算机软件，编写计算机程序绘制出来。为了把两者区分开来，我们把第一种来源的图像信息称为图像（image），把第二种来源的图像信息称为图形（graphic）。

在计算机中图像和图形的记录格式与处理技术是不一样的，主要区别就是第一种叫位图图像或者点阵图像（见图 1-16），第二种叫矢量图形或者向量图形（见图 1-17）。两者各有优势和特点，用途也不同，但在实际应用中则需要两者的相互结合，才能使作品更加精良和完美。

图 1-16 位图图像

图 1-17 矢量图形

（1）位图图像。位图图像也称为点阵图像，是由像素（pixel）组成的，像素是一个小方块，是位图图像里最小的信息单元，存储在图像栅格中。每个像素都有特定的位置和颜色值，按照从左到右、从上到下的顺序记录图像中每一个像素的信息，比如像素在屏幕上的位置、像素的颜色和亮度等。位图图像质量是由单位长度内像素的多少来决定的，单位长度内像素越多，分辨率越高，图像的效果越好，所以位图图像在分辨率较低的情况下，就会出现锯齿形的边缘和图像中间的马赛克现象（见图1-18）。

图 1-18　位图图像放大后分辨率较低的效果

（2）矢量图形。矢量图形也称为向量图形。对于这类图形，计算机将它的形状、颜色、位置、初始点和终点等基本要素按数学方法由PostScript代码定义，成为线条和曲线组成的图像。矢量图形在计算机中存入的是一些图形逻辑和色彩逻辑，与分辨率和图像大小无关，只与图像的复杂程度有关，图像文件所占用的存储空间较小。矢量图形可以无限地缩放，对图形进行缩放、旋转或者变形操作时，图形不会产生锯齿形的边缘和马赛克现象（见图1-19）。

图 1-19　矢量图形放大后不会产生锯齿形边缘

2）按照应用特点分类

（1）影视动画

影视动画顾名思义就是动画电影，是目前最为成熟的动画类型，主要应用范围有电影、电视以及影视广告，是计算机最早涉足的动画制作领域。影视动画最为注重的是动画的艺术效果，其次是制作效率。这类动画制作大多要依赖一些大型的二维动画制作软件来完成，在制作方法上，这些软件都有模拟传统动画制作手段的相应模块，结合不同动画制作人的创作风格，可以轻松地制作出不同艺术风格的动画影片。相对于其他类型的计算机二维动画制作，影视动画属于大型动画制作，其规模大、工序多，制作流程也比较复杂，对于计算机制作系统也有较高的要求。随着计算机硬件技术的飞速发展，个人计算机性能已大大提高，影视动画的制作已经完全可以由个人计算机来实现了。

影视动画的代表作有宫崎骏的《龙猫》（见图 1-20）、《幽灵公主》（见图 1-21）和梦工厂出品的《埃及王子》（见图 1-22）等。

图 1-20　宫崎骏的《龙猫》

图 1-21　宫崎骏的《幽灵公主》

图 1-22　梦工厂出品的《埃及王子》

(2) 游戏动画

游戏动画是计算机二维动画的重要应用领域（见图1-23）。不同于影视动画，游戏动画不需要过高的艺术标准，它重视的是动画文件的数据量和技术规格等问题，画面一般不需要做细腻的艺术描绘，只需要满足游戏的观感要求即可。游戏动画的制作过程比影视动画要简单一些，对于计算机没有过高的配置要求，只要能够满足图形图像处理的要求即可。通常个人计算机配合一些小型动画制作软件就可以进行游戏动画的制作工作。目前，从电视游戏到计算机游戏以及多媒体趣味互动软件，计算机二维游戏动画都在发挥着重要作用。

图1-23 二维游戏动画

(3) 网络动画

网络动画（Web动画）的英文全称为Original Net Anime，直译为"原创网络动画"，简称为ONA。它是指以通过互联网作为最初或主要发行渠道的动画作品。早期的原创网络动画由于受到平均网速和各种硬件设备的限制，多以线条简单、色彩简洁的Flash动画为主。由于Flash矢量动画的特性，只需很小的体积即可储存大量信息，同时便于传播，所以很快在互联网流行起来。这一时期，网络动画的作者多以个人为主，内容则多为小品动画或MV作品。20世纪末至21世纪初随着互联网多媒体技术的不断发展，ONA作为一种娱乐需求开始在互联网崭露头角。相比传统的影视动画和原创动画录像带，网络动画通常具有成本低廉、收看免费、带有实验性质等特点，一般的业余爱好者使用个人计算机就能够轻松地制作出优秀的作品。

网络动画的代表作有《那年那兔那些事儿》（见图1-24）、《十万个冷笑话》（见图1-25）。

图1-24 《那年那兔那些事儿》

(4) 像素动画

像素动画可以分为两种应用类型：①计算机中使用的动画图标（见图1-26）；②手机动画或移动动画（见图1-27）。手机动画是伴随着移动通信的普及迅速发展起来的一种动画类型，也是像素动画的主要形式。目前像素动画在手机项目中的主要应用有手机游戏、手机彩信、手机广告等。由于手机的显示屏大小有限，所以只

↑ 图 1-25 《十万个冷笑话》

能有小尺寸的动画规格，这就需要动画的制作以像素点为基础，采用与其他动画类型不同的技术方法进行绘制。因此，像素动画制作是一个非常精细的工作。

↑ 图 1-26 计算机动画图标

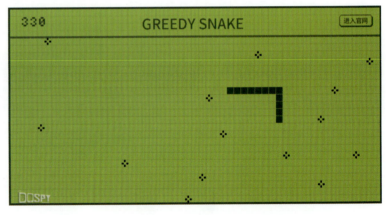

↑ 图 1-27 手机动画《贪吃蛇》

2. 三维动画

三维动画又称 3D 动画，它是随着计算机软、硬件技术的发展而产生的一种新兴技术。三维动画软件是在计算机中首先建立一个虚拟的世界，设计师在这个虚拟的三维世界中按照要表现的对象的形状尺寸建立模型以及场景，再根据要求设定模型的运动轨迹、虚拟摄影机的运动和其他动画参数，最后按要求为模型赋上特定的材质，并打上灯光。当这一切完成后就可以让计算机自动运算，生成最后的画面。

三维动画技术模拟真实物体的方式使其成为一个有用的工具。由于其精确性、真实性和无限的可操作性，被广泛应用于医学、教育、军事、娱乐等诸多领域。在影视广告制作方面，这项新技术能够给人耳目一新的感觉，因此受到了众多客户的欢迎。三维动画可以用于广告、电影、电视剧的特效制作（如爆炸、烟雾、下雨、光效等）及特技制作（如撞车、变形、虚幻场景或角色等），还有广告产品的展示、片头飞字等。

三维动画代表作有《疯狂原始人》（见图 1-28）、《功夫熊猫》（见图 1-29）等。

图 1-28 《疯狂原始人》

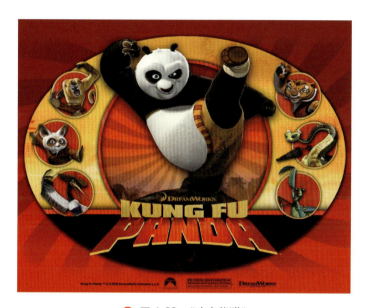

图 1-29 《功夫熊猫》

目前，三维动画制作软件比较常用的有 Autodesk 公司的 AutoCAD 软件、3ds Max 软件和 Maya 软件。学好三维动画制作，可以在各类动画影视公司、制片厂、工作室、广告公司、电视台、建筑咨询类公司等就业。

1.3 评定二维动画好坏的方法

目前市面上的二维动画种类繁多，风格各异，很多人仅根据画风来评定动画作品的好坏，这显然是不够的。下面我们来介绍如何评定一部动画作品的优劣。

1.3.1 根据作品整体构图和色调评定

第一眼看到整体动画作品时的感觉很重要，如作品整体是否协调，构图方面是否拥挤，框格排得是否灵活，色彩搭配是否和谐等，即从整体感官上进行判别。如果看到作品的第一印象感觉到不合理或者不和谐，就说明一定存在问题。

目前，市面上的动画作品种类繁多，针对的观众年龄阶段也不一样。通常人们认为动画作品的受众是低龄儿童，但实际上，动画作品可以针对不同年龄的观众，只是其侧重点不一样。具体来说，学龄前儿童喜欢直观的、悦目的动画，一个夸张的影像、热闹的场景都足以吸引他们。这一类动画作品需要配有鲜艳的色彩，色彩搭配尽量用对比色和纯色，构图尽量饱满，人物和场景结构尽量简单，如《喜羊羊与灰太狼》（见图1-30）。适合8~12岁孩子的动画除了基本的娱乐功能外，还要注重知识的教育，做到寓教于乐，利用简单的动画和鲜艳的画面来传授复杂的知识，如《海尔兄弟》（见

图 1-30 《喜羊羊与灰太狼》

图1-31）。适合12~18岁青少年的动画开始注重类型，不同性格的孩子，其欣赏习惯会有差异。通俗来说，一般男孩子喜欢冒险类、运动类、科幻类的动画，如《灌篮高手》（见图1-32）；而女孩更喜欢优雅一些的动画，如《借东西的小人阿莉埃蒂》（见图1-33）。针对这个年龄阶段的动画作品色彩搭配应更加丰富，并不限于简单的纯色和亮色。对于成年人而言，有很多人将动画作为其生活方式的一部分，动画作品的优劣则可与其他电影、电视作品作横向比较。

图 1-31 《海尔兄弟》

图 1-32 《灌篮高手》

图 1-33 《借东西的小人阿莉埃蒂》

1.3.2 根据分镜头评定

分镜头也叫作分镜头脚本,又称为摄制工作台本和导演剧本。分镜头是将文字转换成立体视听形象的中间媒介,是导演将整个影片或电视片的文学内容分切成一系列可摄制的镜头,以供现场拍摄使用的工作剧本。内容包括镜头号、景别、摄法、画面内容、对话、音响效果、音乐、镜头长度等项目,是导演对影片全面设计和构思的蓝图。

在一部动画作品中,我们主要根据分镜头来观察拍摄角度是否适当,人物的位置比例是否协调,景别的运用是否适当等来判定一部作品的好坏。

例如,日本动画大师宫崎骏的作品,他的作品主题一直关注成长与环保的问题,借助童话般的奇幻故事以及形形色色人物的内在隐喻,反映人与人、人与社会、人与自然的宏大主题。

宫崎骏的动画电影继承了日本民族传统,并承载着导演自身的崇高信仰。他反对现代社会对自然的破坏,这点最突出地体现在《风之谷》(见图1-34)和《幽灵公主》(见图1-35)两部作品。在这两部动画中,环保成为最重要的主题,而在整部动画的取景上,宫崎骏大量地运用大全景来展现大自然的神奇和美好,衬以主人公在大自然中的镜头,显示出人类在大自然中是多么渺小。例如,《幽灵公主》中当人类破坏自然和神灵时,幽灵公主愤怒的表情特写及与村民搏斗时的动作特写等。

图 1-34 《风之谷》

图 1-35 《幽灵公主》

1.3.3　根据作品的文化性、艺术性、审美性评定

动画作为一种艺术形式，要考虑它的艺术价值，动画并非对真实人事物的还原，而是符合美学的、虚拟的艺术表现。除了视觉体验，动画还强调听觉，例如音乐、歌曲、对白等，这也是优秀动画作品需要注重的方面。

毫不夸张地说，宫崎骏系列动画作品中的主题曲和插曲是宫崎骏动画的一块绚烂无比的钻石，其中大部分音乐的风格空灵缥缈，有种能够深入灵魂的震撼力和诱惑力。这些音乐都是由日本作曲家久石让作曲的，久石让也成为宫崎骏作品中不可或缺的重要人物。

1.3.4　根据细节处理评定

细节处理得好坏直接关系到观众观看作品的感受，比如一个语境出来，就会有相应的人物表情；再比如一看到动画作品里的一个特写镜头，我们就能了解导演的意图，并且是与剧情发展密切相关的；又或者动画作品的画面及道具是否能够衔接上，是否有穿帮镜头等，这些都会影响观众对整部作品的评价。

例如，国产动画《西游记之大圣归来》（见图1-36）。这部作品打破了中国动画长年青黄不接的怪圈，颠覆了国人认为"动画片就是低幼龄儿童看的"观念，突破了中国动画没有创新的思维。它成功地创造了中国动画史上的奇迹，并获得了第30届金鸡奖最佳美术片奖、第16届中国电影华表奖优秀故事片奖等大奖，然后登上了前所未有的辉煌顶峰。影片中没有过多地描写唐僧西天取经的故事，只有江流儿和大圣偶遇，被大圣嫌弃，感动了大圣，最终大圣愿意舍身救江流儿的故事。大圣是数代人的偶像，百无禁忌的真英雄，但是他只活在吴承恩的《西游记》里。在《西游记之大圣归来》这部动画影片中，江流儿的设定成功地拉近了观众和大圣的距离，把大圣的闪光点释放得恰到好处，比如，当大圣用怒不可遏的眼神冰冷地与江流儿对视并揪住他的衣襟时，江流儿背篓里懵懂无知的小女孩好奇地伸出稚嫩的小手摸着大圣头顶的毛，咿咿呀呀地叫着"大马"时，大圣瞬间柔软、尴尬、惊讶、无所适从的眼神；当江流儿为救大圣而奋不顾身迎战混沌妖怪，却被其轻而易举地打成重伤时，大圣心急如焚、悲痛欲绝、泪流满面、怒不可遏的表现等。正是这些有血、有肉、有感情的细节描述，让大圣更加贴近观众。

图1-36　《西游记之大圣归来》

第 2 章 行业动画案例剖析

2.1 《喜羊羊与灰太狼》动画成功案例剖析

说到《喜羊羊与灰太狼》这部动画片，业内人士都会点头称赞，这是一部成功的动画作品。然而成功是一个整体概念，具体落实到点，是什么让这部作品如此成功呢？

下面我们将对《喜洋洋与灰太狼》这部动画片作详细的分析，让同学们尽快了解并学习成功案例的制作和营销模式。

1.《喜羊羊与灰太狼》动画成功的因素

1）天时

（1）制作团队对国家政策的把握。2009 年，我国第一部文化产业专项规划——《文化产业振兴规划》由国务院常务会议审议通过，国内首家综合性文化产权交易所在上海建立。这一系列政策、举措的实施为文化产业的蓬勃发展注入了强劲的动力。早在 2004 年 4 月，国家广播电视总局就下发了《关于发展我国影视动画产业的若干意见》的文件，提出经过 5~10 年的发展，动画产业至少要占我国 GDP 的 33%，这意味着我国动画产业至少拥有数千亿元的市场空间。在如此利好的政策环境下，《喜洋洋与灰太狼》动画的成功在某种程度上赶上了好的时代环境（见图 2-1）。

图 2-1 《喜羊羊与灰太狼》动画图片 1

(2)国家对国产动画和原创动画的支持。2006年,国家广播电视总局提倡,全国各级电视台要支持国产动画和原创动画,要在相应的时间段安排国产动画的播放。该倡议提出后,由于当时国内非常缺乏原创动画,类似于《喜羊羊与灰太狼》的优秀原创动画片立即变得抢手起来,《喜洋洋与灰太狼》动画片则顺理成章地成为最大赢家。

2)地利

《喜羊羊与灰太狼》的出品方广东原创动力文化传播有限公司(以下简称原创动力公司)处于广州市的老区——越秀区,动画片的主要策划、编剧、导演团队大都来自粤港地区,所以喜羊羊动画的创作融入了岭南文化的"基因",深受广府文化的影响。《喜羊羊与灰太狼》的创作团队坚持务实、朴实的创作精神,极少受限于理论,而是遵循"故事怎么有趣怎么写,小孩子喜欢什么就写什么"的原则(见图2-2)。广州作为中国的南大门,毗邻港澳台地区,相对于国内其他区域,更具地理优势。在这里,有各种前沿资讯,它是中国对外进行经济文化交流的前沿阵地,商业传统悠久,有敢为天下先的拼搏精神,受多元文化思想的冲击,总体呈现出开放自由、兼容并包的文化特征。开放多元的创作环境也是《喜羊羊与灰太狼》制作团队成功的关键因素。

图2-2 《喜羊羊与灰太狼》动画图片2

3)人和

原创动力公司作为专业的影视制作、卡通动漫创作公司(见图2-3),在成立之初便招揽了一群年轻的高素质的人才。原创动力拥有一支活跃的创作与制作团队,包括200多名动画师、50多名专业卡通人偶演员和20多位资深编剧。其中200多人的动画师和编剧团队在广州总部,另外几十名卡通人偶演员及部分研发人员长期驻扎在原创动力公司位于佛山南海的剧团基地,在市场拓展方面的人才则分布在全国各地及合作单位,多区域分工协作,多方联动。

《喜羊羊与灰太狼》的创作团队人员有擅长写武侠小说的大学生,也有曾在电台工作的DJ高手,还有房地产行业的房产经纪人,更有一度曾执着于上山种树的"绿色"人士。恰恰是这样一支"杂牌"团队,符合文化产业人才多元知识结构的搭配需求,具备复合多样化的能力,在创作过程中,能够因人而异,因岗而异,取人之长,补己之短,凭借创意与智慧打造出令观众捧腹的故事,屡次创造播放与票房纪录。

图 2-3 广东原创动力文化传播有限公司电影 LOGO

《喜羊羊与灰太狼》的创作空间非常简陋，房间里的标准配置是一块黑板、一圈桌椅和几台计算机，七八个人围坐成一圈讨论着，期间有人走神，有人互相调侃，有人拍桌子吵架……这种开放、自由、随意的创作风格成就了《喜羊羊与灰太狼》简单、快乐、通俗的风格，在观众中迅速引起共鸣。原《喜羊羊与灰太狼》的编剧黄伟明曾说，动画片里的灰太狼在生活中的原型就是他自己，"灰太狼对小肥羊们'心狠手辣'，但是对老婆红太狼特别好。我也差不多这样，每天就听着太太说快出去写稿，挣钱养家，而红太狼就说快去抓羊"。

据了解，在《喜羊羊与灰太狼》的创作和制作团队中，20~30 岁的年轻人占的比重较大，团队整体呈现年轻化的特征。这样一个年轻人的群体具备较强的对现代社会信息的接受和分析能力，他们更懂得当代观众的心理需求，团队的艺术创造力和科技运用能力更加强大，能够有针对性地创作出观众喜闻乐见的动画故事。黄伟明认为，这些人有个共同的特点：有生活、会讲故事。

4)《喜洋洋与灰太狼》动画片的快速发展离不开背后的产业链

《喜羊羊与灰太狼》动画片作为一个文化研究标本，其坚持原创的理念、寓教于乐的故事、始终如一的品牌维护、走向国际的行动、整合营销的策略等核心因素是其文化产业链形成的主要原因。《喜羊羊与灰太狼》动画产业链（见图 2-4）是一个庞大的产业集群，其形成过程包括前期策划、中期制造、后期营销、衍生品开发授权等环节。上游做内容，中游做营销，下游做衍生。如果把《喜羊羊与灰太狼》产业链比作一串项链，那么它是由动画片、漫画、大电影、舞台剧（见图 2-5）、书籍、游戏、玩具、食品、服饰、主题游乐园等多颗光彩熠熠的珠子组成。

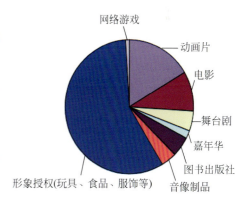

图 2-4 《喜羊羊与灰太狼》动画产业链

《喜羊羊与灰太狼》动画产业链衍生轨迹为：电视栏目策划—动漫创意策划—原创动画制作—动画片在电视台播出—动漫图书音像制品—大电影制作及上映—动漫形象授权及衍生品开发—喜羊羊主题舞台剧上演—流动性的喜羊羊主题嘉年华活动（见图 2-6）。

2.《喜羊羊与灰太狼》动画成功的表现

总的来说，《喜羊羊与灰太狼》动画片的成功之处主要表现在以下几个方面。

图 2-5 《喜羊羊与灰太狼》舞台剧

图 2-6 《喜羊羊与灰太狼》主题嘉年华活动

1）产量持续稳定

《喜羊羊与灰太狼》自 2005 年 6 月推出后，已经连续 8 年创作并发行，总共推出 16 部动画片，其中，动画片播出将近 1000 集，平均每部约 60~100 集，呈稳步增长态势（见图 2-7）。

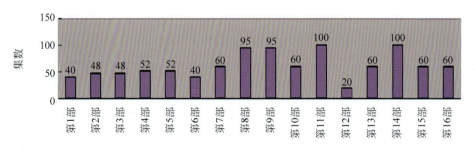

图 2-7 《喜羊羊与灰太狼》动画产量统计表

2）播放效果佳

《喜羊羊与灰太狼》在全国近 70 个电视台播出，最高时收视率达到 17.3%，超过同时段的国外动画片，并且在中国台湾地区、中国香港地区、东南亚地区也风靡一时，观众喜闻乐见。此外，《喜羊羊与灰太狼》大电影连续 5 年在春节档期上映，票房累积超 6 亿元。

3）走向国际

2009 年，《喜羊羊与灰太狼之古古怪界大作战》作为第一批中国原创动画片率先登上美国 MTV 电视台旗下的尼克（Nickelodeon）儿童亚洲频道，与亚洲13个国家和地区的观众见面，这也是首个由国际电视台制作播出的以中国原创动画片为内容的固定栏目。2011年，《喜羊羊与灰太狼》系列动画片开始登上迪士尼国际频道，在中东以及东南亚52个国家和地区，使用英语及20多种当地语言播出，为国产原创动画走向国际迈出了坚实的步伐。

4）大电影创纪录

2009—2013年，《喜羊羊与灰太狼》共上映了6部大电影，分别是《喜洋洋与灰太狼之牛气冲天》《喜洋洋与灰太狼之虎虎生威》《喜洋洋与灰太狼之兔年顶呱呱》《喜洋洋与灰太狼之开心闯龙年》《我爱灰太狼》《喜洋洋与灰太狼之喜气羊羊过蛇年》。喜羊羊"十二生肖"系列大电影自2009年开始连续5年登上春节档大银幕，《我爱灰太狼》则作为首部真人动画电影于2012年暑期档推出，开创了动画向大电影发展的一个新纪录。此外，6部电影6度刷新国产动画电影票房纪录，累计总票房已超过6亿元。

5）衍生产业链繁荣发展

《喜羊羊与灰太狼》除在动画影视领域夺得较好的收视率之外，也正努力走向全方位发展，如积极拓展动画衍生产业，包括儿童人偶剧、同名漫画、图书、食品、玩具、游戏等都获得了很好的成绩（见图2-8）。"喜羊羊"已经成为中国极具品牌价值、非常受欢迎的卡通形象与文化品牌。

图2-8 《喜羊羊与灰太狼》卡通衍生产品

6）资质荣誉，成果丰硕

《喜羊羊与灰太狼》先后获得"五个一工程""优秀国产动画片一等奖""白玉兰奖"等众多国家级奖项。动漫出品方广东原创动力文化传播有限公司现已成为中国内地最大的动画制作机构之一，在2006年被授予"国家动画产业基地"称号。2011年，原创动力公司成为中国十大动漫企业之一。

有业界人士认为，《喜羊羊与灰太狼》动画最大的价值在于召唤国人重新关注国产动漫，唤起了人们对国产动漫的信心。

7）商业运营

在后期相关产业的商业运营过程中，《喜羊羊与灰太狼》创作团队率先与迪士尼等国际机构合作，衍生出了一系列产品。作为一部具有鲜明本土特色的国产动画片，它能够获得如此好的成绩，是本土文化产业特别是动漫领域的一个奇迹。

2.2 宫崎骏动画电影的成功因素剖析

相对于《喜羊羊与灰太狼》系列动画，宫崎骏及吉卜力工作室出品的动画电影的受众更为多元，从少年到青年、中年，甚至老年，他改变了长久以来动画片以儿童为主要观众群体的固有定位，获得了全民范围的认可。

宫崎骏的动画电影创造了宏大的动画世界，他本人也成为日本动画界标志性的人物（见图2-9）。一个艺术家气质的形成是复杂的，有来自家庭、社会和时代的多方面影响，这些综合因素决定了他的思想感情、哲学信仰、美学观念和艺术趣味。宫崎骏的辉煌成就与他的动画观和人文关怀之间形成的艺术张力密不可分。

宫崎骏动画之所以取得了如此辉煌的成绩，主要有以下几个方面的原因。

（1）创作主体有深深的责任感和使命感。

（2）在创作构思上，宫崎骏将日本的本土文化与现代社会发展面临的一些问题相结合，借助动画的形式表达具有现实意义的问题，在传递梦想的同时将个人的成长注入其中，潜移默化地影响着一代人的成长。

（3）在创作态度上，宫崎骏不急功近利，而是忠于自己的内心，用一颗平静且孩童般的心给孩子讲故事，做精致的动画。

（4）从创作的大环境来看，日本十分重视本国动画产业的发展，并形成了一套自己的产业机制和模式，这是宫崎骏动画成功的关键因素。日本政府不仅对动画产业提供政策上的支持，也在资金上给予了极大的支持。

（5）从融资方面来看，日本动画产业的融资比较多元化。动画产业是一个高风险、高投入的产业，融资困难曾经一度成为制约其发展的一个环节。日本动画产业由动画制作公司、发行公司、电视台或电影公司、广告代理商以及玩具公司等组成投资联盟，每个成员都是这个动画产业链中不可缺少的一分子，各尽其能，各负其责，分工明确，风险共担，从而在一定程度上降低了风险，促进了动画产业的发展。宫崎骏的动画电影《千与千寻》就是采用这种模式，通过各个方面融资制作费高达25亿日元，最后获得的利润根据投资比例进行分成。

（6）从制作方面来看，宫崎骏一直坚持立足本土的原则，正是这种立足本土的创作态度使他的动画获得了巨大的成功。他和他的吉卜力工作室专注于动画的创作和构思。专注使他的动画无论从画工、人物的设置、故事情节的设置还是音乐的运用，都更加的精致。

（7）从发行方面来看，宫崎骏动画电影的海外发行由迪士尼公司负责，如《千与千寻》（见图2-10）、《哈尔的移动城堡》（见图2-11）在海外都获得了很高的评价。这种分工明确的动画产业机制不仅使他有更多的精力创作好的动画产品，还能够使其动画传播更加广泛，从而产生更大的影响力。

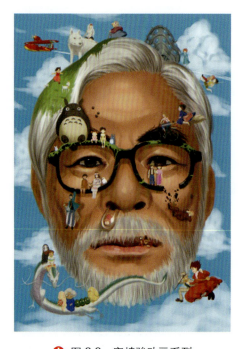

图2-9　宫崎骏动画系列

图2-10　《千与千寻》动画电影海报

图 2-11 《哈尔的移动城堡》动画电影海报

（8）从后续衍生产品的开发方面，由于日本具有良好的管理和监督体制，后续产品的开发获得了很大的利润。作为动画产业链的最后一个环节，动画中可爱的动物形象制成的玩具受到了人们的喜爱。唱片、DVD以及文具、糖果都随着动画的广受欢迎而大卖，从而获得了很高的收益。

总体来说，宫崎骏动画的成功不仅得益于其构思的巧妙和独特的艺术魅力，同样也得益于日本动画的管理机制和产业链的高度发达。这种成熟的产业机制促使他的动画获得了巨大的成功。

2008 年，日本年轻的文化研究者酒井信出版了《最后的国民作家宫崎骏》，这本书由东京文艺春秋出版社出版，书中给予宫崎骏"当今日本唯一的国民作家"的称号，这无疑是对宫崎骏动画作品极致的礼赞。给予宫崎骏如此高的赞赏，是因为宫崎骏在日本电影票房上的出色表现。在表 2-1 中，宫崎骏导演的作品《千与千寻》荣登榜首，领先第二名《泰坦尼克号》40 多亿日元，并且在 10 部电影里，宫崎骏的作品占有四部，可以说宫崎骏的动画撑起了日本电影市场的半边天。从表 2-2 可以看出，宫崎骏在吉卜力工作室制作的每部电影的观影人数都有几十万，可以看出日本民众对宫崎骏动画的支持程度。他创作的动画电影的票房收入都过亿，这是宫崎骏被称之为大师最为客观公正的证据。

表 2-1　日本历年上映电影票房的排行（1 日元 =0.08021 人民币元）

排名	影片名称	上映时间	票房（日元）/ 亿元	票房（人民币）/ 亿元
1	《千与千寻》*	2001 年	304	24.38
2	《泰坦尼克号》	1997 年	260	20.85
3	《哈利波特与魔法石》	2001 年	203	16.28
4	《哈尔的移动城堡》*	2004 年	196	15.72
5	《幽灵公主》*	1997 年	193	15.48
6	《大搜查线 2》	2003 年	173	13.91
7	《哈利波特与消失的密室》	2002 年	173	13.87
8	《阿凡达》	2010 年	156	12.51
9	《悬崖上的金鱼姬》*	2008 年	155	12.43
10	《末代武士》	2003 年	137	10.98

注：参考《日本映画制作者联盟》的调查数据，并于 2011 年 2 月 3 日在百度检索整理完成。加 * 号的影片为宫崎骏的作品。

表2-2 吉卜力工作室动画观影人数排行

排名	影片名称	上映时间	观影人数	票房（日元）/亿元	票房（人民币）/亿元
1	《幽灵公主》	1997年	3000万	193	15.48
2	《千与千寻》	2001年	2304万	304	24.38
3	《悬崖上的金鱼姬》	2008年	1287万	154	12.43
4	《哈尔的移动城堡》	2004年	1200万	220	15.72
5	《红猪》	1992年	304万	27.1	2.17
6	《魔女宅急便》	1989年	264万	21.7	1.74
7	《龙猫》	1988年	80万	5.88	4700
8	《天空之城》	1986年	77万	5.83	4600

宫崎骏的动画不仅牢牢占据着日本的动画市场，在国际上也占据着重要的地位。宫崎骏的动画是能够和迪士尼、梦工厂共分天下的一支重要的东方力量，他的每部作品题材虽然不同，却将梦想、环保、人生、生存这些令人反思的信息融合其中。他的这份执着不仅让很多人产生了共鸣，更受到全世界的重视。2002年，宫崎骏导演的《千与千寻》获得第五十二届德国柏林国际影展最高荣誉的金熊奖，隔年又夺得美国奥斯卡金像奖最佳动画长片奖，并成为第一部在威尼斯影展上播放的动画电影。这些国际奖项的获得既是对宫崎骏动画作品的肯定，更使得宫崎骏登上国际动画大师的地位。宫崎骏的动画作品开始了在全球的传播，比如，2004年上映的《哈尔的移动城堡》就在全世界60多个国家或地区上映，吸引了世界各地超过1500万的观众到影院观看。

第 3 章 二维动画制作实训案例

3.1 初出茅庐：传统二维动画实训案例 ——《破蛋》(传统)

3.1.1 项目背景

本项目是顺德梁銶琚职业技术学校动漫 111 班全体同学一次传统动画创作的"爱之初体验"。首届动漫班学生为了留下美好的集体动画制作的回忆，全体同学分工创作了这个传统手绘《破蛋》动画实验短片。

3.1.2 项目目标

通过制作这部动画短片，明确传统手绘动画的制作流程与绘制技法。让学生了解动画片制作过程中各职位的责任与分工，帮助学生积累制作完整项目动画的专业知识和经验。

3.1.3 项目时间

项目制作时间为 16 节课（持续时间两个星期）。

《破蛋》素材和动画 .rar

3.1.4 分配任务

教师要在制作动画前根据本班人数完成分组，并选出组长，建议每组不超过 10 人，组长相当于设计主管的角色，对工作过程进行监督和管理。

3.1.5 项目实施

1. 项目动画成片欣赏

《破蛋》动画实验短片是采用定格动画与传统手绘动画相结合的一次尝试。开始部分通过相机拍摄同学们设定的动作，然后进行后期处理把人物抽出来，后面部分通过同学们在无纸动画实训室进行手绘画面完成。图 3-1 和图 3-2 所示为动画画面截图。

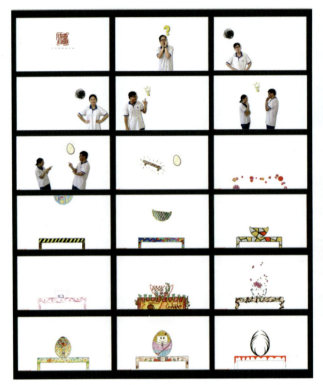

图 3-1 《破蛋》动画视频展示 1

图 3-2 《破蛋》动画视频展示 2

2. 剧本

1）剧本的构思

在剧本的构思阶段，想法要精彩，主题要明确且有一定的哲理性，这是对一部动画短片剧本最基本的要求。剧本的创作就像盖房子，先要有一个初步的构思及框架（《破蛋》动画最初的构思架构就是师生一起在黑板上边讨论边规划出来的，如图 3-3 所示），当故事框架建立起来后，再添加具体的故事细节，丰富故事的内容，最后完成剧本。

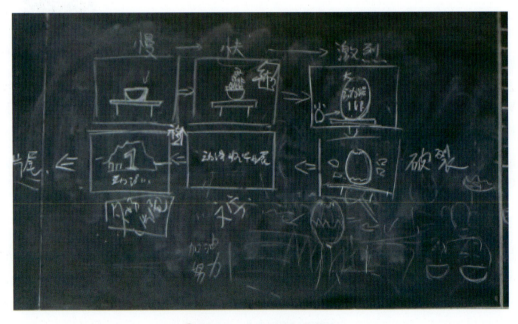

图 3-3 动画剧情创作草图

2）文学剧本

一群非常热爱动画的同学在一起思考怎样做一部有意义的动画短片，来记录他们在学校美好的学习生活。通过讨论，他们想到采用鸡蛋这个元素。通过鸡蛋从空中坠落到桌子上发生一个形变后破碎，打碎后的鸡蛋变化万千，从而预示着同学们以后精彩纷呈的美好生活。利用形式多样的纹理材质与插画涂鸦填充绘制鸡蛋的内容与碎片，使画面更具有观赏性与趣味性。学生前期剧本讨论如图3-4所示。

图3-4　学生前期剧本讨论

3. 前期美术设计

1）资料的收集

为了更好地诠释首届动漫班集体创作动画来纪念美好学校学习时光的想法，师生共同探讨并查阅资料，最终确定以《AT三周年——疯狂的集体动画》为依据（见图3-5），进行编写故事脚本与设计画面镜头，教师统筹规划好原画类别，让各小组成员分配任务，加快制作周期从而高效率地完成动画制作。

图3-5　《AT三周年——疯狂的集体动画》参考视频截图

2）道具设计

道具泛指角色使用的或场景中任何可移动或不可移动的物品，在动画中通常与角色一起参与表演或存在于静止的背景中。在动画片中常见的道具大致可以分为两类：随身类道具和陈设类道具，它们都是动画片中不可或缺的配角，它们的存在不但渲染了气氛，还交代了时代背景和角色的身份、兴趣等信息，同时对影片情节的发展起到重要的渲染和烘托作用。《破蛋》动画中的道具元素就属于可移动随身类，例如，动画中从上向下出现的碗和形状、纹理变化万千的桌子（见图3-6）等。道具不仅是简单的陪衬，它在很多时候甚至可以成为极具个性的视觉符号，所以道具的设计直接影响动画片的风格和角色的吸引力。

4. 其他设计

1）声音风格设计

通常声音会放在后期阶段来制作，即影片剪辑工作完成后，开始着手影片的声音制作，但在前期应该对动画的声音风格进行构思和设定。无论采用素材音乐、音效进行处理和剪辑，还是找专业音乐工作室进行音乐和

図 3-6 道具——碗、桌子

音效的制作，你都需要具备一些与声音相关的基础知识。另外，平时对音乐素材的收集与欣赏也非常重要。动画中的声音包括台词、音乐和音效。台词包括对白、旁白和独白。由于专业的配音会花费比较多的经费，所以独立动画人和学生制作的动画短片大多没有台词。从制作角度讲，动画片的音乐基本分为原创音乐和剪接音乐两种。

剪接音乐是指为了配合动画片画面而对现有的音乐素材进行简单处理、组合和剪接。对于大多数学生而言，请专业人员专门创作音乐并不现实，选择对现有的音乐素材进行剪接不失为一种好的方法。《破蛋》动画中出现的音效、背景音乐大部分来源于平时的收集（见图 3-7）。

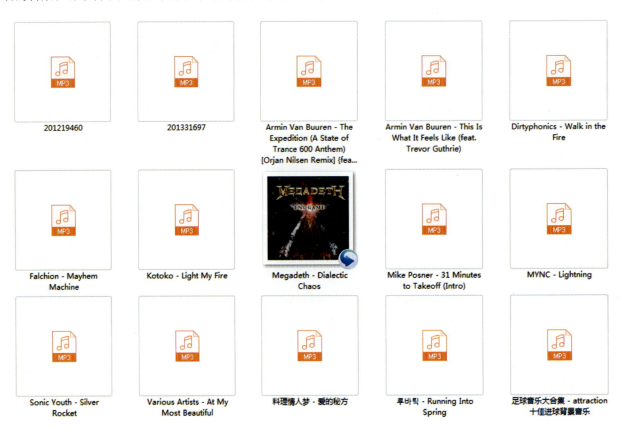

图 3-7 节奏欢快的音乐素材

2) 动作风格设计

传统的动画制作中拥有 7 种常用的动作设计，它们分别是追随动作、预备动作、重复动作、循环动作、滞差动作、平衡动作以及振动动作。《破蛋》动画制作主要采用了重复动作、循环动作等动作设计。例如，图 3-8 中，鸡蛋碎片从上向下掉在桌面上，聚集成一个鸡蛋的重复动作，桌子纹理图案一直循环变化的循环动作。注意，在制作动画时，并不一定要某个动作单独完成，有时可以几个动作结合在一起完成想要表达的动画效果。

图 3-8　定格动画形式演绎

5. 绘制分镜头脚本

在动画短片整体美术风格确定完成以后，下面将进入分镜头脚本的绘制过程。《破蛋》动画分镜头采用了电子分镜表格制作，确定好动画的时间、运动规律以及动画的节奏变化，如图 3-9 所示。

分镜头脚本是动画制作过程中的重要环节，也是将文字剧本视觉化的过程。动画分镜头脚本利用蒙太奇语言将文字剧本转换成画面的形式，用于指导后续所有动画制作人员的工作，制作团队所有工作程序都要严格按照分镜头脚本进行制作。

6. 中期制作

《破蛋》动画中期制作是将设定好的分镜头进行分组（见图 3-10），将班级成员分成 8 个小组进行分工中期制作。其中，分组时要考虑各小组的整体实力水平，根据分镜头绘制的数量与难度，有意识地调整好分工，以便确保动画的中期制作时间与质量。

1) 设计稿

分镜头脚本完成后，导演就可以通过分镜头来了解动画片的工作量大小了。具体包括每个镜头原动画的难度和数量，绘景师需要绘制的背景数量。此外，要尽早地梳理出复杂和困难的镜头，以确定绘制手法和将要用到的软件，思考出解决方案，以便顺利地进入中、后期的制作环节。《破蛋》动画的设计稿如图 3-11～图 3-17 所示。其中，鸡蛋由无到有（见图 3-13）、鸡蛋变化（见图 3-14 和图 3-15）、鸡蛋裂开爆炸（见图 3-16）这三个动画制作的任务量比较大，绘制中间画的难度也比较大。

二维动画项目案例制作

破蛋				
镜头	画面	内容	时间（s）	备注
1		动画片头	2	
2		同学在思考	5	
3		同学们在讨论	6	
4		桌子变化	8	板凳与碗做定后
5			3	
6				5
7				5
8		蛋由小变大		6
9		蛋变化		5
10		蛋裂开		6
11		字体		8

⇧ 图3-9 《破蛋》动画分镜头

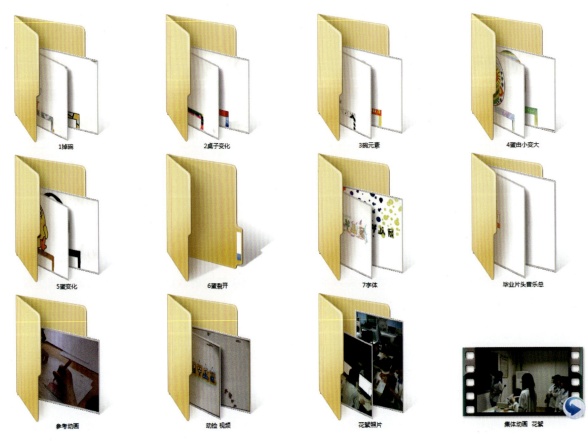

⇧ 图3-10 《破蛋》动画文件管理

图 3-11 《破蛋》动画——掉碗镜头原稿

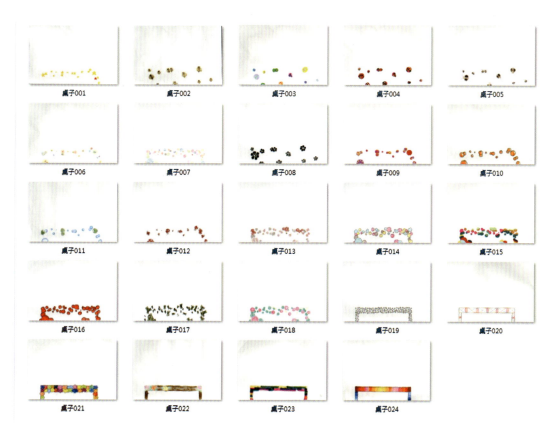

图 3-12 《破蛋》动画——桌子镜头原稿

图 3-13 《破蛋》动画——蛋从无到有镜头原稿

图 3-14 《破蛋》动画——蛋从小到大镜头原稿

🔸 图 3-15 《破蛋》动画——蛋内部变化镜头原稿

🔸 图 3-16 《破蛋》动画——蛋破碎镜头原稿

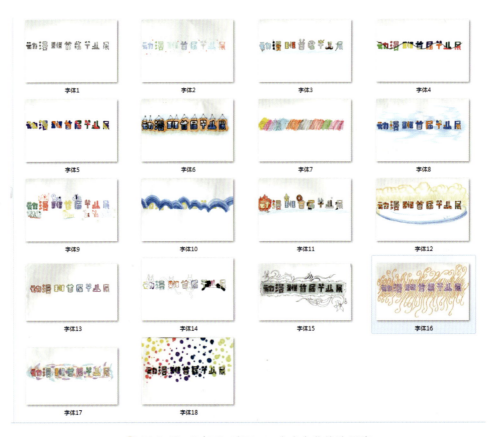

图 3-17 《破蛋》动画——文字变化镜头原稿

图 3-18 所示为学生在二维动漫基础教室利用拷贝台进行绘制、修改原画的场景。注意，为了提高绘画质量与效率，建议购买一台拷贝台。

图 3-18 学生在二维动漫基础教室利用拷贝台进行原画绘制

2）线稿处理

（1）打开 Photoshop 软件，单击"文件"→"打开"命令选择要处理的图片（见图 3-19）。

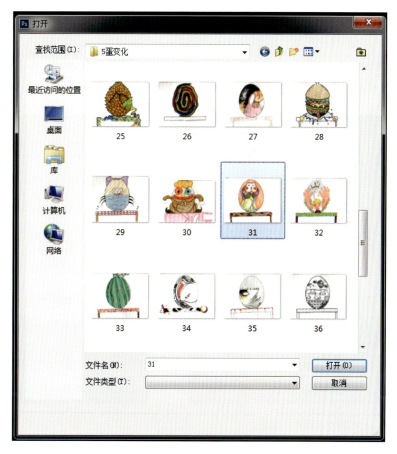

↑ 图 3-19　选择要处理的图片

（2）把需要处理的 31 图片文件导入到 Photoshop 软件中。单击"图像"→"调整"→"色阶"命令，调整色阶的数值为 54，使画面的对比度与颜色更加清晰与鲜艳（见图 3-20）。

 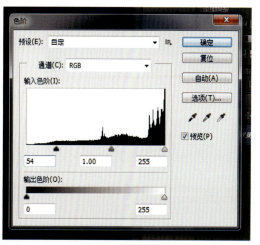

↑ 图 3-20　处理图片

（3）单击"文件"→"储存为"命令，保存图片。如果有其他图片也需要处理画面效果，可以按照上面的操作步骤进行图片处理。

7. 后期制作

当所有的镜头绘制完成之后，影片就进入后期制作阶段。在这个阶段，后期合成人员将绘制好的所有镜头和声音素材合成到一起，通过画面剪接、声音制作和渲染输出等工序，最终制作出一部完整的动画短片。下面介绍在 Adobe After Effects 软件中剪辑、渲染合成的方法。

（1）打开 Adobe After Effects 软件，单击"文件"→"新建合成"命令进行设置，如图 3-21 所示。

（2）双击"项目"面板下面的空白区域，依次导入序列文件、照片和音乐，如图 3-22 所示。

图 3-21　对新建合成进行设置

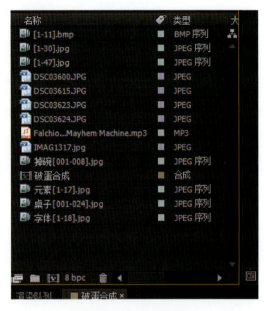

图 3-22　导入素材

（3）单击"文件"→"导入"命令，导入照片和音乐，在 Adobe After Effects 软件的编辑区域对导入文件进行裁剪、画面校对和编辑工作（见图 3-23），编辑完成后单击"编辑"→"预渲染"命令，输出《破蛋》动画视频文件。

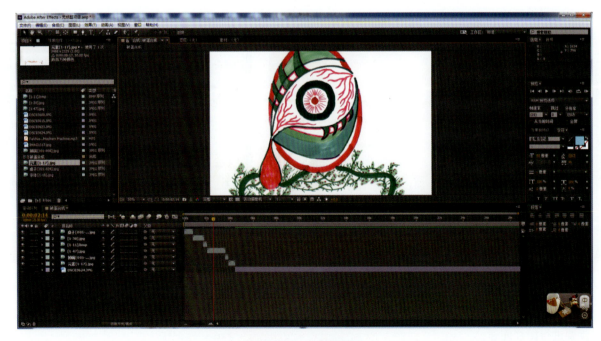

图 3-23　编辑视频

《破蛋》动画的后期原画处理与视频编辑工作是由各小组的小组长完成的（见图3-24）。注意，后期阶段为了提高效率与确保作品的风格与制作要求统一，建议制作人员不要太多，以免带来不必要的麻烦，影响动画质量。

图 3-24　学生后期制作视频展示

8. 作品宣传

宣传和推荐自己作品的方式有许多，通常在媒体网站注册一个个人账号后，就可以上传自己的作品了。例如，优酷网推广与宣传（见图3-25）、土豆网推广与宣传（见图3-26）、腾讯视频推广与宣传（见图3-27）、微信公众号推广（见图3-28）等。

图 3-25　在优酷网站推广与宣传

图 3-26　在土豆网站推广与宣传

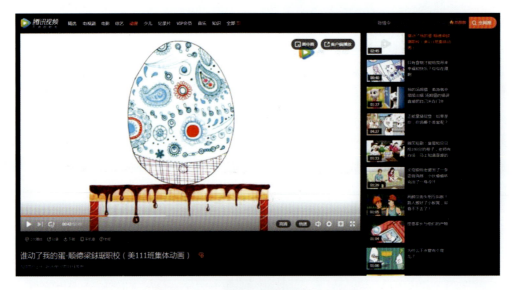

图 3-27　在腾讯视频网站推广与宣传

图 3-28　在动"话"顺德与燃点创客工作坊微信公众号推广与宣传

3.1.6 项目总结

(1)《破蛋》作为一个中等职业学校二年级学生的传统二维手绘实验动画短片,总体来讲是成功的。

(2) 在整个动画制作的过程中,学生的参与度和主动性非常高,实现了制作这部动画以留下集体回忆与体现专业成长的目标与创作的意义。

(3) 从动画的剧本来看,故事简洁,表达比较到位,主题稍缺乏深度。

(4) 从画面的表现来看,利用比较新颖的纹理与插画涂鸦的形式进行表现,生动有趣,画面感强,但是部分画面欠缺美感、细节不到位。

(5) 从动画的节奏来看,节奏欢快,时间节点与画面搭配到位,是一个比较好的实验传统动画,值得推荐给大家。

3.2 小试牛刀:和的慈善基金会本土文化实训案例——《香云纱》(商业)

3.2.1 项目背景

《香云纱》动画片为广东省和的慈善基金会(原广东省何享健慈善基金会)资助的"动'话'顺德"项目所制作的动画片之一。"动'话'顺德"项目目标是对顺德传统民俗、非物质文化遗产、祠堂文化以及顺德故事等进行挖掘和梳理,通过漫画作品创作与动画短片制作来吸引全区中小学生和相关教师共同参与,采用漫画和动画的方式进行呈现,演绎、传播和推广顺德本土文化,建立微信和微博互动平台分享作品,并通过《珠江商报》《顺德下一代》、顺德城市网和优酷网等媒体进行传播,充分利用顺德博物馆和顺德图书馆等资源进行交流传播,以引起社会的关注,使更多的青少年更好地了解顺德本土文化。

3.2.2 项目目标

《香云纱》动画片以故事的形式介绍香云纱的由来及其制作方法,以动画的方式展现出来,从而使观众可以更直观地认识香云纱,更好地对其进行传播以及推广。同时让学生了解动画片制作过程中各职位的责任与分工,帮助学生积累制作完整动画项目的专业知识和经验。

3.2.3 项目时间

项目制作时间为 3 个月。

《香云纱》前期素材 .rar

《香云纱》中期素材 .rar

《香云纱》后期声音 .rar

《香云纱》后期发布的动画 .rar

3.2.4 分配任务

该动画短片的制作周期比较长,所以以工作室的形式制作完成,人数大约为 8 人,设置一名项目总监,负责分派角色、场景、分镜头等各项设计任务。

3.2.5 项目实施

1. 项目动画成片欣赏

《香云纱》动画片为了更好地诠释香云纱这种传统手工工艺产品制作的流程与重要环节，采用了商业 Flash 动画、MG 动画、AE 动画等形式进行制作完成。下面通过截图先欣赏一下这部精彩动画片的部分画面吧（见图 3-29 和图 3-30）。

图 3-29 《香云纱》动画片画面展示 1

图 3-30 《香云纱》动画片画面展示 2

2. 剧本

1）剧本的构思

在剧本的构思阶段，想法要精彩，主题要明确且有一定的哲理性。《香云纱》是以学生为主体进行设计制作的，所以在考虑表现手法、设计风格时首先要查找相关的资料等，同时在涉及工艺方面的问题时，也要考虑到现场进行考察等。

《香云纱》动画片初期为了更全面地诠释这种非遗文化，师生们采用了头脑风暴讨论法，并从中梳理出动画前期的制作任务和思路。其中，《香云纱》动画片剧本思考方向如图 3-31 所示。

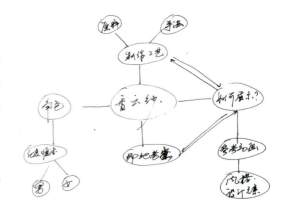

图 3-31 《香云纱》动画片剧本思考方向

2）故事梗概

爷爷的生日就要到了，小香和小云希望可以送给爷爷一份有意义的生日礼物。有一天他们在图书馆刚好看到一本关于香云纱的文献，就想认真了解一下。在查阅文献的过程中，他们了解到香云纱的制作原料与工艺手法等，也找到了适合送给爷爷的生日礼物……

3. 前期美术设计

1）资料的收集

在确定好剧本后，动画片制作团队进行了现场实地考察。师生来到顺德伦教镇香云纱工艺制作基地进行走访,参观了香云纱晒场、河流冲洗等制作现场并拍照作为创作参考素材(见图3-32)。回到学校工作室进行剧本的分镜头绘制。

◆ 图3-32 实地考察顺德伦教香云纱博物馆部分场景

2) 角色设计

角色是动画片的灵魂。一部动画片的成功与否,首先要看它的角色造型设计能否抓人眼球,就好像人们为某个喜欢的演员去看某部电影一样。成功的角色使人们无法忽视他的存在,人们会在角色的身上赋予某种寄托,会随着剧情的跌宕起伏,跟着角色的情感或挥洒热泪,或捧腹大笑。

根据剧本和动画风格,我们确定了动画片的2位"演员"小香和小云。我们设定小香和小云都是13岁左右的中学一年级学生;小香为女孩,性格活泼乖巧,做事细心,有爱心;小云为男孩,性格外向阳光,喜欢读书(见图3-33)。

◆ 图3-33 《香云纱》动画片角色三视图设计

3）分镜头设计（部分）

在动画片整体美术风格确定完成以后，下面将进入分镜头脚本的绘制过程。分镜头脚本是动画制作过程中的重要环节，也是将文字剧本视觉化的过程。动画分镜头脚本利用蒙太奇语言将文字剧本转换成画面的形式用于指导后续所有动画制作人员的工作，制作团队所有的工作程序都要严格按照分镜头脚本进行制作。

图 3-34 所示的是部分动画分镜头设计稿。绘制分镜头时设计应明确，包括画面的景别、镜头的运动、镜头的时间，甚至音效等。设计分镜头应是导演亲自动手或者参与绘制，因为一旦分镜头设计完成，就相当于动画的故事版已经完成，大家就可以根据分镜头的设计进行分工制作，且不能再进行修改了。

🔸 图 3-34 《香云纱》动画片分镜头设计稿

4）道具设计

道具在动画作品中起着举足轻重的作用，它不仅是环境造型的重要组成部分，也是场景设计的重要造型元素，它还与场景在环境的造型形象、气氛、空间层次、效果以及色调的构成密不可分。动画作品中的道具除了交代故事背景、推动情节发展、渲染影片和辅助表演的作用外，对刻画人物的性格、表现人物情绪也发挥着重要的作用。

《香云纱》动画片中的道具比较多，包括薯莨（见图 3-35）、跳起来的鱼（见图 3-36）、太阳和月亮（见图 3-37）、香云纱服装（见图 3-38）等。

5）场景设计

场景设计是根据剧本的具体要求，参照创作之前的概念设计，绘制出故事发生的地点、环境的场景画面。通常商业动画片由于时间较长，故事情节丰富，所需场景较多，因此，场景设计的内容要求更加严谨，需要绘制出平面图、结构分解图、色彩气氛图等细节方案。《香云纱》动画片由于采用小团队创作，作品时长也较短，场景较少，因此场景设计风格更趋于简洁和个性化。

图 3-35 薯莨

图 3-36 跳起来的鱼

图 3-37 太阳和月亮

图 3-38 香云纱服装效果图

《香云纱》动画片故事一开始是在顺德图书馆里发生的，所以要有顺德图书馆的外景和内景的区分，并且也要简单交代图书馆的环境等。绘制场景的方法是：挑选拍摄回来的照片，确定符合绘制场景的合适的角度和内容的照片后，在 Flash 软件中进行勾线与处理线条造型，争取做到跟实境类似的效果。例如，图书馆外景实景及 Flash 实现（见图 3-39）、图书馆内景实景及 Flash 实现（见图 3-40）。

图 3-39 顺德图书馆外景及 Flash 实现

图 3-40 顺德图书馆内景及 Flash 实现

小香、小云以及小星去了伦教香云纱博物馆，伦教香云纱博物馆是香云纱染整技艺中心。在绘制场景前，我们也对现场的环境进行了实地考察，然后在软件中进行了整理和修改，同时根据镜头角度设计制作出所需要的场景（见图3-41和图3-42）。

图3-41　顺德伦教香云纱博物馆标志性建筑

图3-42　顺德伦教香云纱博物馆内桥面

小香、小云和小星还去了香云纱的展示区及销售区。这是一个室内的布局，绘制时要求角度、透视、比例等关系要准确，在色彩的搭配上也要和现场的考察图片相一致，风格要统一，而且要加上之前所绘制的香云纱衣服等道具，还要考虑人物角色在场景里的活动空间等（见图3-43~图3-46）。

图 3-43 顺德伦教香云纱博物馆香云纱的展示区及销售区 1

图 3-44 顺德伦教香云纱博物馆香云纱的展示区及销售区 2

图 3-45 顺德伦教香云纱博物馆香云纱的展示区及销售区 3

图 3-46 顺德伦教香云纱博物馆香云纱的展示区及销售区 4

根据动画分镜头的要求，在解说生产香云纱的过程中要求运用移动镜头，这就要求我们设计并绘制一个横幅式的画面（见图 3-47），这样可以较好地交代制作香云纱的工作环境（见图 3-48）。

◆ 图 3-47　香云纱生产过程的长幅画面

◆ 图 3-48　香云纱生产过程的长幅画面（局部）

4. 中期制作：角色动画的设计与实现

考虑到学生的专业实情以及软件方面的实操性等因素，《香云纱》动画片中期制作部分基本是在 Flash 软件中绘制与制作完成的。

中期制作是一个枯燥、任务量比较大的阶段。此阶段需要对动画制作的文件进行分类并保存，以便于查找与修改，减少查找资料浪费的时间与麻烦（见图 3-49）。

《香云纱》动画片开场部分在顺德图书馆的场景中，是女主角跟男主角在挑选书籍的画面，动画采用元件动画为主进行制作（见图 3-50 和图 3-51）。

《香云纱》动画片的男女主角跟星动力吉祥物在顺德图书馆一起观看资料书籍（见图 3-52）。

图 3-49 《香云纱》动画文件管理

图 3-50 《香云纱》动画制作过程实现 1

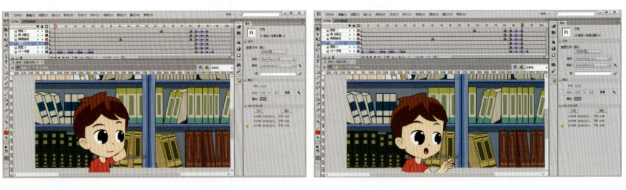

图 3-51 《香云纱》动画制作过程实现 2

图 3-52 《香云纱》动画制作过程实现 3

《香云纱》动画片的男女主角来到香云纱展馆中选择香云纱衣服（见图3-53和图3-54）。

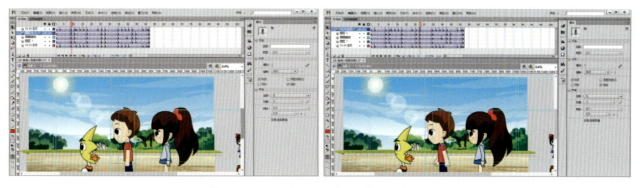

图3-53 《香云纱》动画制作过程实现4

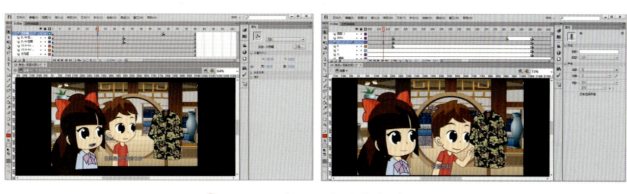

图3-54 《香云纱》动画制作过程实现5

《香云纱》动画片中还原了香云纱的制作过程和制作场景，此部分动画利用了逐帧动画的表现形式来制作工人的动作部分（见图3-55和图3-56）。

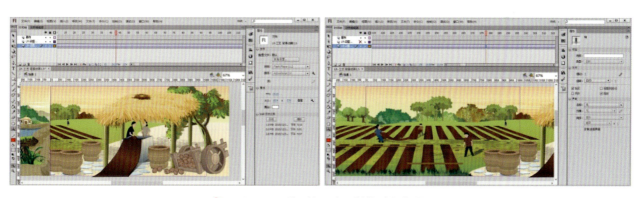

图3-55 《香云纱》动画制作过程实现6

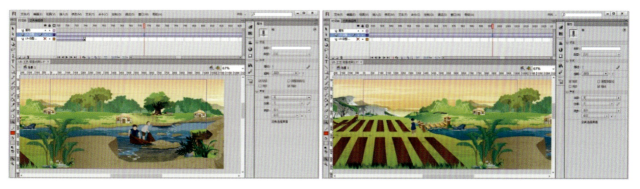

图3-56 《香云纱》动画制作过程实现7

5. 后期制作

当所有的镜头绘制完成之后，影片就进入了后期制作阶段。在这个阶段，后期合成人员将绘制完成的所有镜头和声音素材合成到一起，通过画面剪接、声音制作和渲染输出等工序，最终制作出一部完整的动画片。此次动画片合成步骤如下。

（1）镜头的合成。将每个分配到任务的学生的镜头进行汇总，按序号进行合成，此时要注意如有文件名称相同，要先更改文件名称，然后再汇总，同时要注意空镜的运用。

（2）特效的合成。导出 AVI 格式的影片，再导入到 Adobe After Effects 软件中进行修改，添加必要的特效等。

（3）音乐、音效与对话的合成。在 Adobe After Effects 软件中导入声音文件，注意对白要和动画说话的口型一致，这样才能把握住每个镜头的准确性。最后导出 AVI 或者 MP4 格式的影片。

6. 作品宣传

团队通过互相配合终于完成了《香云纱》动画片的制作。完成后就可以利用各种媒体进行传播了，如优酷网（见图 3-57）与微信公众号的推送等。

图 3-57　在优酷网站推广与宣传

3.2.6　项目总结

（1）《香云纱》动画片将非物质文化遗产香云纱的制作过程以动画的方式展现出来，从而使观众对香云纱有了更直观的认识，更好地对其进行了传播以及推广。

（2）整个动画的制作过程中，学生的参与度和主动性非常高，培养了学生的实际动手能力，让学生了解了动画片制作过程中各职位的责任与分工，帮助学生积累了制作完整动画项目的专业知识和经验。

（3）动画片完成后，对于教师与学生来说，都是团队的一次很好的经验积累。

3.3 合作共赢：与佛山闪光动漫合作实训案例——《出国移民》动画（市场）

3.3.1 项目背景

《出国移民》动画片是顺德梁銶琚学校星动力动画工作室与佛山闪光动画公司进行校企合作的作品。佛山闪光动画公司提供分镜头与制作的要求，星动力动画工作室主要负责设计与制作。

3.3.2 项目目标

通过制作这部动画片，明确MG动画的制作流程与绘制技法。同时让学生们了解动画片制作过程中各职位的责任与分工，帮助学生积累制作完整动画项目的专业知识经验。

3.3.3 项目时间

项目制作时间为1个月。

《出国移民》素材和动画.rar

3.3.4 分配任务

该动画片以工作室的形式制作完成，人数大约为8人，设置一名项目总监，负责分派角色、场景、分镜头等各项设计任务。

3.3.5 项目实施

1. 项目动画成片欣赏

《出国移民》动画片是一部与佛山闪光动画公司进行校企合作的作品，作品主要是在Flash软件中制作完成的。动画中运用了一些电视剧和电影时搞笑画面进行点缀，使动画片在介绍出国移民的一些条件与所需资料的同时，增加了很多幽默感，更加吸引观众。图3-58和图3-59所示为动画片的精彩镜头展示。

2. 剧本的构思

本次校企合作项目的脚本已经由佛山闪光动画公司确定，我们根据其所提供的脚本进行设计与制作。这个动画片以综艺节目《爸爸去哪儿》为创意点，通过爸爸与儿子的对话展开剧情，穿插出现不同的场景与内容，融合多个电影及网络搞笑镜头，在轻松、欢乐的气氛中，介绍出国移民的过程，达到活跃气氛的目的同时，深化出国移民的品牌记忆点。

剧本采用了电子版书写与图片截图代表寓意的方式进行设计与制作，这种形式是很多公司采用的一种效率比较高的方式，特点是简单明了。但是对于制作动画的新手来说，不建议这样做，还是应该按部就班地按照标准动画制作流程进行制作。图3-60是《出国移民》动画脚本的部分截图。

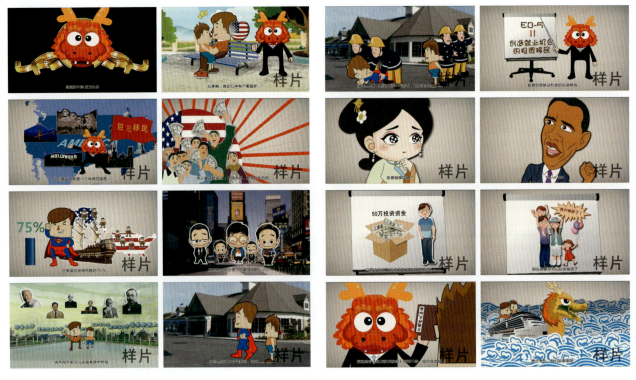

图 3-58 《出国移民》动画视频展示 1

图 3-59 《出国移民》动画视频展示 2

2	北鼻：爸比，你有什么梦想吗？ 爸比：北鼻啊，爸比心中有个美国梦……	《爸爸去哪儿》音乐起…… 夜晚，爸比与北鼻坐在公园里的长凳上； 北鼻抬起头问爸比， 爸比抱起北鼻，温情地看着北鼻说， 父子上方出现一颗美国国旗的心形图案，	
3		商务着装、人身龙头的巨龙， 拖着写有巨龙移民留学专家的酱油瓶从画面走过，过场……	

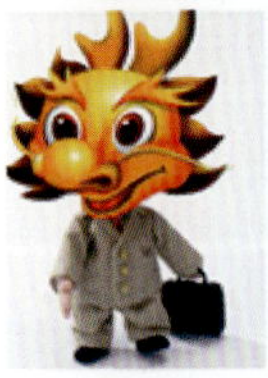

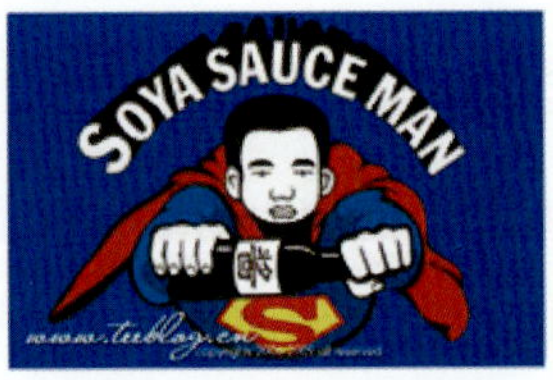

图 3-60 《出国移民》部分动画脚本

3. 前期美术设计

1）资料的收集

动画的前期美术设计主要包括动画风格、角色造型、场景氛围设计、分镜头的绘制、音乐素材的确定等。针对剧本我们收集了大船、高楼大厦、美国地标、美国地图、美国式动画英雄、旗帜等一系列相关的道具图片作为参考，并根据企业脚本的要求，进行动画前期的设计工作，设计了角色、场景以及需要的道具等。

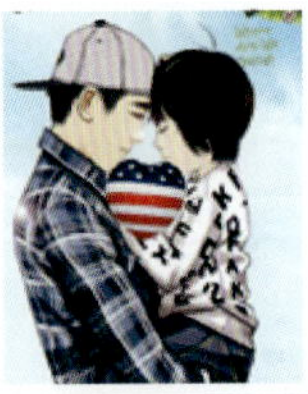

2）角色设计

此次动画的角色已由佛山闪光动画公司设计制定完成，所以我们直接拿过来使用即可。

《出国移民》动画片中角色的设计主要有 3 个：和蔼可亲、有思想的"爸比"（父亲），活泼可爱、有向往的"北鼻"（孩子），提供咨询服务、旁白介绍剧情的巨龙（龙头人身的商务造型）（见图 3-61）。

图 3-61 《出国移民》动画片角色设计

3) 分镜头设计（部分）

在动画片整体美术风格确定完成以后，下面将进入分镜头脚本的绘制过程。

图 3-62 所示为佛山闪光动画公司提供的电子版分镜头设计。

图 3-62 《出国移民》分镜头设计稿（部分）

4) 道具设计

在本动画作品的设计中，物品的出现率比较高，很多时候我们可以直接对图片进行勾选后处理背景，留下带透明通道的 PNG 格式的图片使用即可。

《出国移民》动画片中的道具极具特色,其设定形式感很强。其中,有照片处理修饰后的效果(见图3-63和图3-64),有真实的道具(见图3-65),有漫画作品(见图3-66),还有一些影视搞笑片段。道具里面充满了各种各样的颜色,输送给观众的感觉是新鲜和有趣的,这也是一种新的动画形式和创新。

图3-63 大船

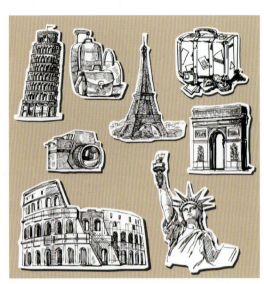

图3-64 建筑

图3-65 长椅

图3-66 纸片人

5)场景设计

《出国移民》动画片使用的场景基本为网络上的共享图片(见图3-67~图3-72),在对其进行简单的加工后,用Flash软件中简单的移动等动作命令完成动作表现即可。相对以往动画片的动作部分,此动画片要求相对低一些。

4. 中期制作:角色动画的设计与实现

角色动作设计是整个动画的灵魂,是动画里具有生命力的体现。动作的制作要根据故事情节的发展需要设计,要围绕剧情和角色的特点进行动作的夸张与变形设计。在《出国移民》动画片里,主要的动作重点是动画的节奏、时间、速度的配合变化,对角色动作要求不太高,只是简单的走路、讲话等。

动画确定好分工后,要明确团队的文件管理要求。例如,字幕的制作要求、每位同学文件的命名格式要求、文件夹命名格式要求等,这些一定要在开时就规定好,以减少后面动画制作的麻烦(见图3-73)。

图 3-67 公园场景

图 3-68 美国建筑分布

图 3-69 投资场景表现

图 3-70 海上货物 1

图 3-71 海上货物 2

图 3-72 讲解背景

图 3-73 《出国移民》动画文件管理

前期工作完成后，接下来就是中期动画制作的阶段。中期制作要按照分工，安排每个人负责各自镜头的制作，在这个阶段导演要多与队员沟通，确保动画制作风格的统一与制作的进度（见图3-74~图3-80）。

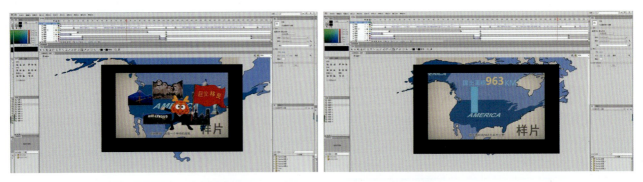

图3-74 《出国移民》动画制作过程实现1

图3-75 《出国移民》动画制作过程实现2

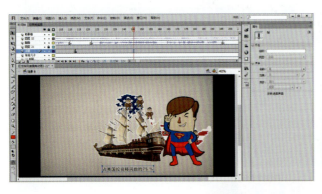 

图3-76 《出国移民》动画制作过程实现3

图3-77 《出国移民》动画制作过程实现4

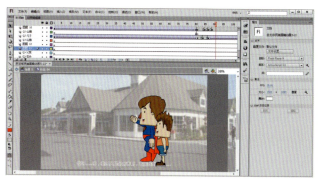
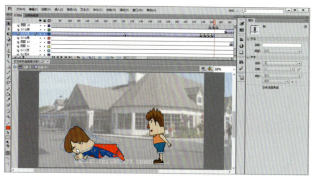

🔼 图 3-78 《出国移民》动画制作过程实现 5

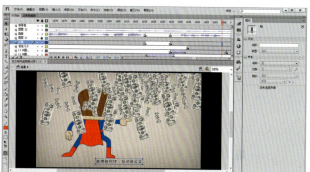

🔼 图 3-79 《出国移民》动画制作过程实现 6

🔼 图 3-80 《出国移民》动画制作过程实现 7

5. 后期制作

由于前期与合作公司分工时，配音、配乐部分已经由合作公司完成，所以工作室成员在制作每个分镜头动画时可以直接根据配音和配乐控制镜头的时间长短和画面内容。后期合成部分按照单个镜头的合成、剪辑理顺镜头思路、输出三个步骤实现动画短片的导出，具体操作如下。

（1）中期制作的所有镜头视频完成后也就完成了每个单独镜头视频的合成。每个单独镜头视频的保存方法是：在 Flash 软件中单击"文件"→"导出"→"导出影片"命令，选择 AVI 格式导出视频后，编辑好镜头视频的序号并保存即可。

（2）根据前期分镜头脚本的顺序将 Flash 软件导出的单独镜头视频编号，把镜头顺序编排好保存在一个文件夹内，以便检查与修改。

（3）打开 Adobe After Effects 软件，新建一个项目，导入所有的镜头视频，然后按照视频编码顺序，逐一排列衔接，编排完成所有视频后就可以渲染输出 AVI 或者 MP4 格式的影片了。

6. 作品宣传

由于版权问题，动画片在没有正式发布前，不允许制作方私自在网络等平台进行发布和宣传，只可用于教学。想观看动画片的同学可以关注佛山闪光动画公司网站和公众号进行赏析。

3.3.6 项目总结

（1）《出国移民》动画片以 MG 动画的形式表现出来，从而使观众可以更直观地认识移民，更好地为客户的业务进行传播以及推广。

（2）在与企业一起制作这个项目动画的过程中，学生的参与度与主动性非常高，从而快速提高了学生的实际动手能力。企业人员的参与让学生了解了动画项目制作过程中各职位的责任与分工，帮助学生领悟与学习到制作完整项目动画的专业知识和经验。

（3）新颖的动画制作方式让师生对网络动画有了新的认识，也从中学到了很多专业公司的动画制作技巧与知识，是一次很好的互利共赢的校企合作。

3.4 独当一面：职业教育促进委员会实训案例——《做好职业教育的"第三方"》（MG 动画）

3.4.1 项目背景

本项目是顺德区教育局职业教育促进会在社会上征集的一个动画项目。顺德区教育局职业教育促进会为了更好地协助行业与学校之间进行沟通，以便满足行业与学校双方的需求，开发了量才 APP 软件，希望通过这个软件解决双方的供需矛盾，并计划在广东省职业教育大会上播放 MG 动画来推出这个软件。

3.4.2 项目目标

通过观看这部 MG 动画片，帮助观众了解顺德区职业教育目前的发展状况与发展过程中遇到的问题。顺德区教育局职业教育促进会开发出量才 APP 以提供给双方一个数据查询与认定考核的标准平台，从而使行业与学校办学考核标准更加清晰化、办学目标更加实用化。

3.4.3 项目时间

项目制作时间为 1.5 个月。

《做好职业教育的"第三方"》
素材和动画 .rar

3.4.4 分配任务

在暑假前做好分组，根据星动力动画工作室人员组成进行分工，选出项目负责人，并要求独立完成相对应的镜头任务。辅导教师相当于设计主管角色对工作过程进行监督管理。

3.4.5 项目实施

1. 项目动画成片欣赏

本次动画片的制作是与顺德区教育局职业教育促进会合作的项目。顺德区教育局职业教育促进会是基于职业教育的前提下，结合顺德职业教育进行引导与督促的部门，该部门根据顺德区职业教育的发展现状，联合学校、行业、企业多方面进行考察，制定出了具有行业标准、行业需求、行业报酬衡量的一个体系，即量才APP（见图3-81）。该动画片的目的是推广量才APP这个软件。

图 3-81 《做好职业教育的"第三方"》动画截图

2. 剧本

1) 剧本的构思

在剧本的构思阶段，想法要精彩，主题要符合客户对"第三方"这个考核APP——量才的定位与作用，这是此MG动画片剧本最基本的要求。剧本的创作是由顺德区教育局职教科、顺德区教育局职业教育促进会、梁銶琚职校老师三方共同商讨后确定下来的。剧本的内容首先是对职业教育的衡量标准从可量到难量的构思及框架，然后阐述难量的具体细节，为解决中职学校学生人才的标准从而制定出"量才"这个衡量和确定人才的标准软件，以及"量才"在一些具体方面的应用及推广，最后完成剧本。

2) 文学剧本

《做好职业教育的"第三方"》部分剧本如下。

人才标准自古以来就有衡量制度。中国古代从隋朝开始就有科举制度，分为秀才、举人、进士，并根据考试达到的级别安排官级或岗位，可以说人才标准是"可量"的。

自从国家工业化大生产后，学历证书或技术等级证书难以衡量一个技能人才的能力水平，社会对人才的要求和标准也五花八门，以致出现了人才标准从"可量"到"难量"的现象。

目前全社会对技能人才等级标准没有非常具体、权威的衡量，供需不对口，所培养的人才无法达到企业的要求，于是寻求校企合作成为职业教育的必然之路。全国各地的教育专家经过几十年的探索，促成了大量的校企合作模式，以顺德为例，从承包生产线、工学交替、校企循环、订单式、冠名式、现代学徒制等"人脉式""个案式"阶段到组建"产学联盟"这种"联盟式""集约式"阶段，虽然校企合作向前发展了一大步，但其长效机制仍然没有建立起来，始终停留在"个案式"和"人脉式"的基础上。

3. 前期美术设计

1) 资料的收集

素材的来源离不开生活的积累，它包括两个方面：一是直接的生活体验；二是间接的来源，如文字材料（书籍、报刊）、采访获得的素材（图片、照片）以及网络素材（图片、视频）。我们可以利用网络和科技带来的便利条件进行资料的收集。

通过网络收集，我们确定了以下视频与图片（见图 3-82 和图 3-83）。

🔸 图 3-82 优秀 MG 动画参考视频

2) 人员的分配

根据星动力动画工作室人员组成进行分工，选出项目负责人，各成员要求独立完成相对应的镜头任务与相关分工。

人员的分配要注意能者多劳的原则，主要镜头与环节要分配给能力较强的同学，尽量发挥出他们的优势。能力较弱的同学应做好辅助工作，如场景道具等任务，确保动画片的质量和时间的把握。《做好职业教育的"第三方"》MG 动画遵循了以上原则，对详细分工、完成任务、完成时间做了明确的计划（见图 3-84）。

3) 角色设计

MG 是动画片与平面设计之间的一种产物，它的重点是非叙述性和非具象化的视觉表现形式。动画片主要为了故事内容而服务，平面设计是单独针对二维平面的静态设计。《做好职业教育的"第三方"》MG 动画的角色采用了平面化、简洁化的角色造型与卡通形象进行设定，而角色设计则具有重形式、轻塑造的风格特点（见图 3-85~图 3-92）。

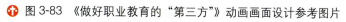

图 3-83 《做好职业教育的"第三方"》动画画面设计参考图片

成员姓名：	叶亚静	叶倩彤	曾嘉慧	何艳冰
	尹雯雯	谢雅清	蔡婷婷	周秀
完成内容	完成时间	负责人	备注	
分镜头绘制	6月22日—6月29日	叶亚静、曾嘉慧		
配角/角色设计、绘制	6月22日—6月30日	蔡婷婷、周秀		
分配镜头、制作动画	6月30日—7月20日	叶亚静、叶倩彤、曾嘉慧、何艳冰、尹雯雯、谢雅清	细节分工见文件分工	
音效、音乐的收集	6月22日—6月29日	周秀（音效）、蔡婷婷（特效音）		
镜头的修改	7月21日—7月23日	曾嘉慧		
镜头的合成、后期制作、配音/配乐（AE合成）	7月23日—7月26日	王克盾（AE）、曾嘉慧（音效）		

图 3-84 《做好职业教育的"第三方"》动画人员安排

图 3-85 举牌人物设计

图 3-86 学生人物设计 1

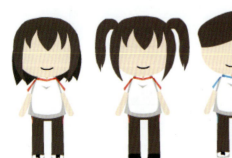

图 3-87 学生人物设计 2

图 3-88 上班族人物设计

图 3-89　毕业学生人物设计

图 3-90　进士、举人、秀才人物设计　　　图 3-91　状元、榜眼、探花人物设计

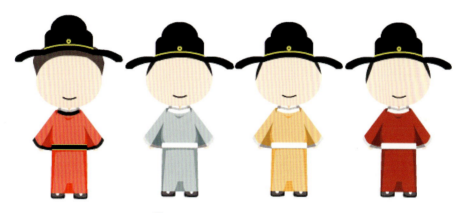

图 3-92　各类官员人物设计

4）道具设计

《做好职业教育的"第三方"》动画中定位图标道具设计如图 3-93 所示，坐标曲线图道具设计如图 3-94 所示，场景中的飞机、ATM 机、建筑等设计如图 3-95~ 图 3-105 所示。

图 3-93　定位图标道具设计

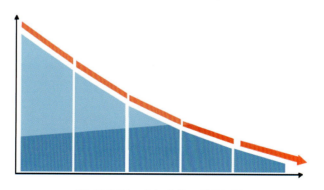

图 3-94　坐标曲线图道具设计

图 3-95 飞机空运道具设计

图 3-96 ATM 机、云朵、书籍道具设计

图 3-97 电池、计算机道具设计

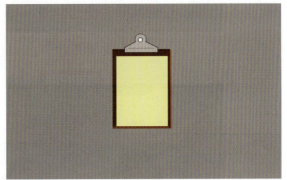

图 3-98 统计表道具设计

图 3-99 互联网等标志道具设计

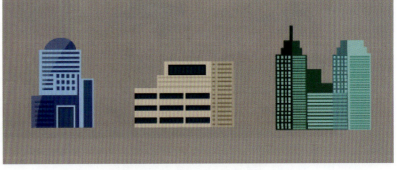

图 3-100 办公大楼建筑设计

图 3-101 居民楼房设计

图 3-102　学校建筑设计

图 3-103　吊车、建筑楼房设计

图 3-104　高职院校、研究生中心设计　　　　　图 3-105　教育局建筑设计

《做好职业教育的"第三方"》动画中学校场景设定采用现场拍照，然后利用 Flash 软件进行勾线、上色的方法制作，如图 3-106 所示。

4. 其他设计

1）声音风格设计

声音风格设计在前期就已经进行了构思和设定。

动画片的旁白配音是广州远音文化传媒有限公司的专业配音（见图 3-107）。在确定好配音字幕后，可以结合动画节奏或者导演要求在字幕内容上标注出要强调的词语或者句子，语气或者节奏。

图 3-106　学校场景设计

图 3-107　专业配音人员配音现场

2）动作风格设计

动作制作主要是控制好动作的时间、速度、节奏以及动作的重复与循环等，由多个结合动作共同完成，如图 3-108 所示的案例动画。

图 3-108　动作风格设计参考

5. 绘制文字分镜头脚本

在动画短片整体美术风格确定以后，接下来将进入文字分镜头脚本的制作过程。

用 Excel 表格制作文字分镜头脚本，具体包括分场景（场次）、镜头关键字、分镜头序号、镜头具体内容等内容，根据客户提供的文案进行文字的"拆分"与分镜头画面的绘制（由于时间紧迫，本动画未做此环节），以便为中期制作提供有效的参考依据和指引（见图 3-109 和图 3-110）。指导教师要留意各位同学的动画制作风格，确保动画风格的统一，且要控制好制作的进度。

总镜	文字	分镜	文字
一	可量	A1	人才标准自古以来就有衡量制度。
		A2	中国古代从隋朝开始就有科举制度,分为秀才、举人、进士,
		A3	根据考试达到的级别安排官级和岗位。
二	难量	B1	国家工业化大生产以后,
		B2	社会对人才的要求和标准五花八门,
		B3	因为社会对技能人才等级标准没有非常具体、有权威的衡量。
		B4	学历证书或技术等级证书难以衡量一个技能人才的能力水平。
		B5	人才标准从"可量"到"难量"。
		B6	主要是供需不对口,所培养的人才无法达到企业的要求。

图 3-109 文字分镜头脚本(部分)

总镜	文字	分镜	文字	道具绘制(分工)	主角角色	配角角色
一	人才标准自古以来就有衡量制度。中国古代从隋朝开始就有科举制度,分为秀才、举人、进士,并可以根据考试达到的级别安排官级和岗位。	A1	人才标准自古以来就有衡量制度。	艳冰	婷婷	周秀
		A2	中国古代从隋朝开始就有科举制度,分为秀才、举人、进士,	艳冰		
		A3	根据考试达到级别安排官级和岗位。	艳冰		
二	自从国家工业化大生产后,社会对人才的要求和标准五花八门,人才标准从"可量"到"难量"。	B1	国家工业化大生产后,	艳冰		
		B2	社会对人才的要求和标准五花八门,	艳冰		
		B3	人才标准从"可量"到"难量"。	艳冰		
三	2010年,顺德被国务院办公厅列为全国职业教育体制改革试点地区。其核心任务是:"建立健全政府主导、行业指导、企业参与的办学体制机制,创新政府、行业及社会各方分担职业教育基础能力建设机制,推进校企合作制度化"。顺德产业技术升级需要技能人才的升级,其重任必然落到职业教育肩上。	C1	2010年,	艳冰		
		C2	顺德被国务院办公厅列为全国职业教育体制改革试点地区。	艳冰		
		C3	推进校企合作制度化。	艳冰		
		C4	顺德产业技术升级需要技能人才的升级,其重任必然落到职业教育肩上。	艳冰		
四	职业教育发展的困境和矛盾。①要化解"行政事业单位需要规范管理与职业教育产教相融所需的灵活开放"之间的矛盾,政府高额投入下,技术资源和设备资源产出低下,办学活力严重不足。②普通高中的高考相当于第三方考核,职业学校的第三方考核呢?要化解"人才培养质量需要不断提升与职业学校办学质量把控机制缺失"之间的矛盾,在落实生均拨款的同时,需要迅速建立办学质量把控机制。③由于校企合作成效没有标准进行衡量,校企合作的促进政策便没有量化依据,以致校企合作政策只能停留在鼓励和倡导的层面,无法量化落实。	D1	职业教育发展的困境和矛盾。	嘉慧		
		D2	①要化解"行政事业单位需要规范管理与职业教育产教相融所需的灵活开放"之间的矛盾。	嘉慧		
		D3	政府高额投入下,技术资源和设备资源产出低下,办学活力严重不足。	嘉慧		
		D4	②普通高中的高考相当于第三方考核,职业学校的第三方考核呢?	嘉慧		
		D5	要化解"人才培养质量需要不断提升与职业学校办学质量把控机制缺失"之间的矛盾,在落实生均拨款的同时,需要迅速建立办学质量把控机制。	嘉慧		
		D6	③由于校企合作成效没有标准进行衡量,校企合作的促进政策便没有量化依据。	嘉慧		
		D7	校企合作政策只能停留在鼓励和倡导的层面,无法量化落实。	嘉慧		

图 3-110 最终确定版文字脚本与分工(部分)

总镜	文字	分镜	文字	道具绘制(分工)	主角角色	配角角色
五	全社会还没有一套市场公认的技能人才等级标准,现有学历证书或技术等级证书都难以衡量一个技能人才的能力水平。	E1	全社会还没有一套市场公认的技能人才等级标准,	嘉慧		
		E2	现有学历证书或技术等级证书都难以衡量一个技能人才的能力水平。	嘉慧		
六	由此,顺德组建了一个与市场对接的第三方机构:顺德区职业教育发展促进会。是由顺德研究生中心、顺德职业院校联合部分行业企业共同发起的一般性社团组织,于2015年3月依法在顺德区民政局登记注册,由顺德区教育局主管。	F1	2015年3月,	嘉慧		
		F2	由顺德研究生中心、顺德职业院校联合部分行业企业共同发起的一般性社团组织,	嘉慧		
		F3	组建了一个与市场对接的第三方机构:顺德区职业教育发展促进会,依法在顺德区民政局登记注册,由顺德区教育局主管。	嘉慧		
七	顺德区职业教育发展促进会的其中一个核心就是希望在顺德这个区域内建成全社会公认的、能与薪酬指导挂钩的人才等级标准。	G1	顺德区职业教育发展促进会的其中一个核心就是	嘉慧		
		G2	希望在顺德这个区域内建成全社会公认的、能与薪酬指导挂钩的人才等级标准。	嘉慧		
八	为建成全社会公认的人才等级标准,我区投入170万元,先开发了12个专业的岗位能力标准和专业教学标准。但这些标准离"能与薪酬指导挂钩的人才等级标准"还相差甚远。岗位能力标准和专业教学标准编制的质量如何?实施的效果如何?又如何与薪酬挂钩?我们发现,检验是关键,也催生了第三方考核。	H1	为建成全社会公认的人才等级标准,	嘉慧		
		H2	我区投入170万元,先开发了12个专业的岗位能力标准和专业教学标准	嘉慧		
		H3	这些标准离"能与薪酬指导挂钩的人才等级标准"还相差甚远。	嘉慧		
		H4	岗位能力标准和专业教学标准编制的质量如何?	嘉慧		
		H5	实施的效果如何?	嘉慧		
		H6	又如何与薪酬挂钩?	嘉慧		
		H7	检验是关键,也催生了第三方考核。	嘉慧		
九	"第三方考核"试点,2014年,选定了模具专业、汽修专业、酒店管理专业作为试点,分别委托佛山市模具协会、顺德区机动车维修协会、顺德旅游协会对相应专业的职校毕业生质量进行第三方考核。	I1	2014年,	亚静		
		I2	选定了模具专业、汽修专业、酒店管理专业作为试点,	亚静		
		I3	分别委托佛山市模具协会、顺德区机动车维修协会、顺德旅游协会对相应专业的职校毕业生质量进行第三方考核。	亚静		
十一	第三方考核的主要特点有四个:1.谁用人,谁考核;谁用人,谁认证。模具协会考核模具专业、机动车维修协会考核汽车专业、旅游协会考核酒店管理专业、电商协会考核电子商务专业。	K1	第三方考核的主要特点有四个:	亚静		
		K2	1.谁用人,谁考核;谁用人,谁认证。	亚静		
		K3	模具协会考核模具专业、	亚静		
		K4	机动车维修协会考核汽车专业、	亚静		
		K5	旅游协会考核酒店管理专业、	亚静		
		K6	电商协会考核电子商务专业。	亚静		
十二	2.立体考核、采用通关制,高于"从业资格"。在学生顶岗实习期间,由企业给出描述性结论,并以备案制记入学生成绩。考核参照驾驶证照形式,采取"通关制",如汽修专业学生在通过"机修从业资格考试"后才能进入最后的技术能力测试,前者解决从业资格问题,后者解决从业能力甚至是薪资指导问题。	L1	2.立体考核、采用通关制,高于"从业资格"。	亚静		
		L2	在学生顶岗实习期间,由企业给出描述性结论,并以备案制记入学生成绩。	亚静		
		L3	考核参照驾驶证照形式,采取"通关制",	亚静		
		L4	如汽修专业学生在通过"机修从业资格考试"后才能进入最后的技术能力测试,	亚静		
		L5	前者解决从业资格问题,后者解决从业能力甚至是薪资指导问题。	亚静		

图 3-110(续)

6. 中期制作:角色动画的设计与实现

《做好职业教育的"第三方"》MG动画中道具的制作比较多,为了减少重复制作以提高效率,要求每个成员将按照要求做好的道具统一按照规定集中保存到一个文件夹中并命名(见图3-111和图3-112),便于其他同学直接使用。

第3章 二维动画制作实训案例

图 3-111 人员分工完成资料整理

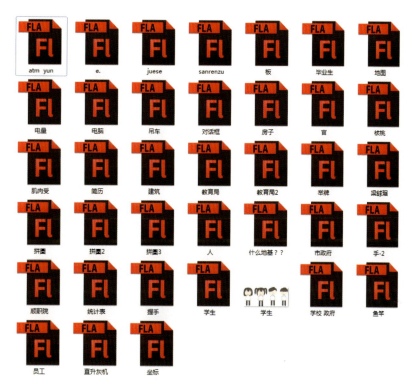

图 3-112 道具、人物、场景的资料整理

《做好职业教育的"第三方"》MG 动画中期制作阶段需要完成的动画效果较多,要求各位负责的同学参考之前下载的动画视频,不清楚的同学可以边学习边模仿制作,这是一种快速成长的有效途径。图 3-113~图 3-121 是制作动画过程中的截图。

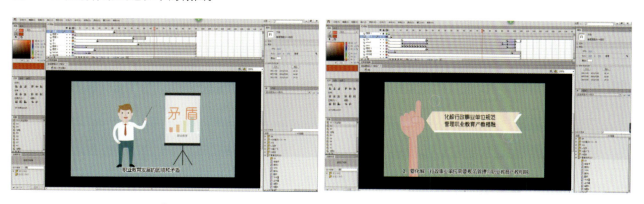

图 3-113 《做好职业教育的"第三方"》动画制作过程实现 1

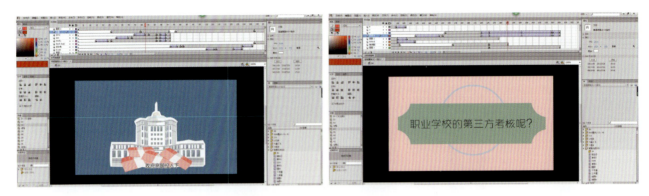

图 3-114 《做好职业教育的"第三方"》动画制作过程实现 2

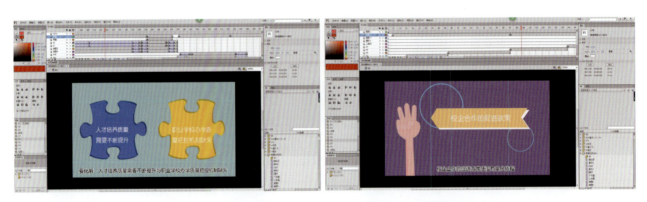

图 3-115 《做好职业教育的"第三方"》动画制作过程实现 3

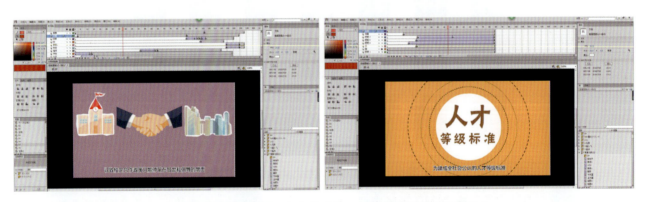

图 3-116 《做好职业教育的"第三方"》动画制作过程实现 4

图 3-117 《做好职业教育的"第三方"》动画制作过程实现 5

图 3-118 《做好职业教育的"第三方"》动画制作过程实现 6

图 3-119 《做好职业教育的"第三方"》动画制作过程实现 7

图 3-120 《做好职业教育的"第三方"》动画制作过程实现 8

图 3-121 项目成员在进行中期动画制作

7. 后期制作

当所有的镜头绘制完成之后，影片就进入了后期制作阶段。

后期合成时，大家要将每个同学完成的镜头汇集在一个文件夹中，以便于后期编辑中的查找与修改（见图3-122）。

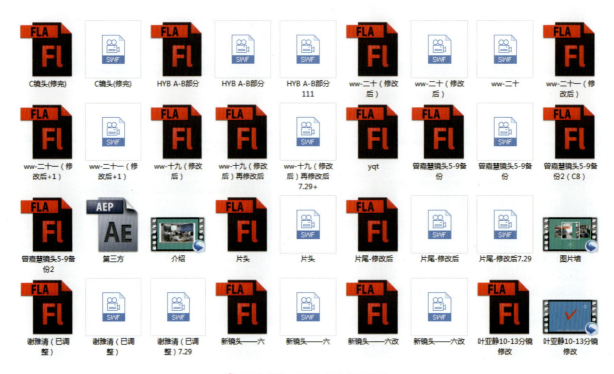

图3-122　项目成员文件汇总

（1）打开Adobe After Effects软件，单击"文件"→"新建合成"命令进行设置，如图3-123所示。

（2）双击"项目"面板下面的空白区域，依次导入swf格式的视频、图片和音乐文件，如图3-124所示。

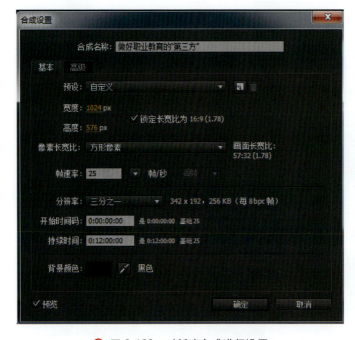

图3-123　对新建合成进行设置

图3-124　项目文件导入

（3）在 Adobe After Effects 软件的编辑区域对导入的文件进行裁剪、画面校对和编辑工作（见图 3-125），编辑完成后，单击"编辑"→"预渲染"命令，输出《做好职业教育的"第三方"》动画视频文件。

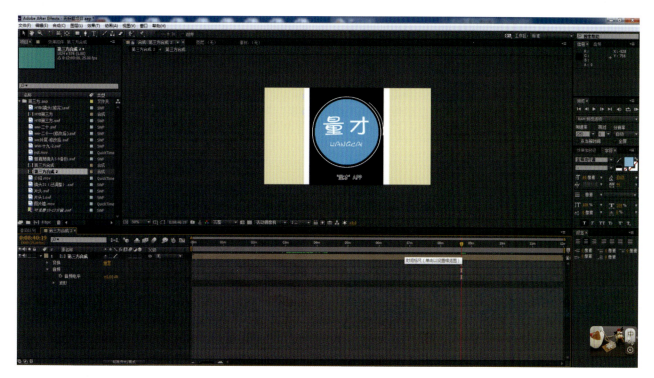

图 3-125　视频镜头剪辑与合成渲染

注意：后期阶段为了提高效率与确保作品的风格与制作要求的统一，建议制作人员不要太多，以免带来不必要的麻烦，从而影响动画的质量。

8. 作品宣传

由于版权问题，动画片在没有正式发布前，不允许制作方私自在网络等平台进行发布和宣传，只可用于教学。

3.4.6　项目总结

（1）《做好职业教育的"第三方"》MG 动画前期做了大量的准备工作，包括文字剧本的编写、配音、音效的收集。前期做好了充分的准备，为中期制作与后期制作提供了参考依据。

（2）动画的设计思路清晰，条例明确，能够很好地诠释主题。

（3）平面化的造型设计比较到位，道具与角色的设计具有新意。

（4）动画配音与配乐很好地渲染了气氛，能够吸引观众观看动画。

（5）不足之处是动画的节奏感不是很强，有些镜头之间的节奏切换不够顺畅。

3.5 独当一面：佛山两会动画实训案例——《佛山经济就是这个"范儿"》（MG动画）

3.5.1 项目背景

本项目是佛山电视台与我校星动力动画工作室达成的协议，要求我们为两会政府报告做一个动画版介绍，让报告以新颖的形式呈现，从而让观众印象深刻。

3.5.2 项目目标

通过观看这部MG动画片，让观众了解佛山市政府报告的内容与取得的成绩，争取做到看完动画后对政府过去做过的工作与取得的成绩有一个深刻的印象，以便于接下来的会议讨论议程。

3.5.3 项目时间

5个工作日。

《佛山经济就是这个"范儿"》
素材和动画 .rar

3.5.4 分配任务

从接到文案到动画渲染的完成只有5天时间，辅导教师陈辉、刘德标、孙莹超与动漫141班的曾嘉慧、叶亚静、叶倩彤、何艳冰、谢雅清、陈君铭、卢晓文、尹雯雯这几位同学立刻组成脑洞大开的"超能战队"。他们利用周末与晚上的时间，分工合作、艰苦奋斗、精益求精，最终在佛山两会现场直播的大会上播放了此动画片，受到佛山电视台领导的好评，同时梁銶琚职业技术学校也给在座的领导与嘉宾留下了良好的印象。

3.5.5 项目实施

1. 项目动画成片欣赏

《佛山经济就是这个"范儿"》动画的制作是星动力动画工作室有史以来时间最短、任务最重、影响最大的一个任务。通过师生们的共同奋战，最终在规定的时间内高质量地完成了任务，赢得了很好的口碑。《佛山经济就是这个"范儿"》动画片的配音由佛山电视台完成，工作室负责剧本的编写和动画的制作。动画截图如图3-126所示。

2. 剧本

1）剧本的构思

客户最初的想法是通过新颖、有趣的动画视频形式在两会期间进行一个直播汇报。由于汇报的内容较多且时间有限，所以客户找到了工作室完成此项目。根据客户的要求和时代的潮流，最终确定了以MG动画的形式进行制作。

图 3-126 《佛山经济就是这个"范儿"》动画截图

2）文学剧本——既有好身材也有好颜值，佛山经济就是这个"范儿"

镜头一：2015 年，佛山经济实现了平稳快速发展，依托智能制造推动产业结构优化升级成为范例，受到国务院的通报表扬。这个月中旬，2016 年全国经济体制改革工作会议在北京召开，佛山成为全国唯一应邀参会并发言介绍经验的地级市。

嗯，佛山经济就是这个"范儿"。

镜头二：2016 年，佛山经济要推进供给侧改革攻坚，我们既要"好身材"，也要"高颜值"，全市地区生产总值预计增长 8%~8.5%，人均地区生产总值增长 7%~7.5%。

镜头三：加快供给侧改革，构建先进制造业和现代服务业双轮驱动的产业体系，练就一副"好身材"。

提振民营企业家信心，优化传统优势产业，工业技改投资超过 35%，壮大一批百亿企业，要让大企业顶天立地，中小企业铺天盖地，扎稳下盘。

镜头四：大力发展"互联网+智能制造"，加快发展先进装备制造，建设珠江西岸先进装备制造基地，练就一副"铁腰"。

镜头五：大力减轻企业负担，减费降税，今年要给企业减负 45.4 亿元人民币，练就一身"好肌肉"。

镜头六：大众创新，万众创业，强化企业创新主体，力争今年全市高新技术企业达到 1000 家，集聚新动能，练得一身"好功夫"。

镜头七：既要"好身材"，也要"高颜值"。

镜头八：佛山今年要向改革要红利，深化改革，打造不是自贸区的自贸区，推进国家制造业转型升级试点。全面推进权责清单，推动一网式、一门式政务服务。

加强城市管理，推动品质提升，建设美丽宜居城市，颜值也是杠杠的。

镜头九：2016年，佛山经济就是这个"范儿"。

嗯，他就是那个"男神"。

3. 前期美术设计

1）资料的收集

本次动画制作的时间比较紧，要求表现的形式也比较新颖，制作人员商讨后决定利用MG动画的形式展示此次大会报告的内容。为此，我们利用网络收集视频、图片等资料，找到需要的素材与镜头创意（见图3-127），佛山电视台也提供了一些资料（见图3-128），结合资料各成员又查找了一些图片与音频（见图3-129和图3-130）。

图3-127 参考动画收集

图3-128 客户提供的资料

第3章 二维动画制作实训案例

图 3-129　各成员分工收集资料汇总

图 3-130　音配、音效素材资料整理

2）道具设计

《佛山经济就是这个"范儿"》动画中道具设计采用的是平面化的造型设计（见图 3-131）。

图 3-131 《佛山经济就是这个"范儿"》动画道具设计

3）角色设计

《佛山经济就是这个"范儿"》动画中角色的设计采用平面化的角色设计风格、结合时代潮流的元素以及新科技发明等元素进行设定，使角色新颖、有创意，给观众留下较好的印象与深刻的记忆（见图 3-132）。

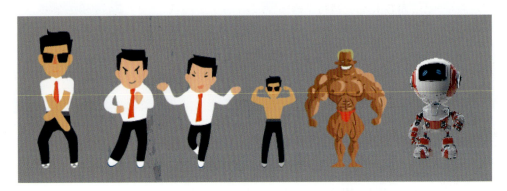

图 3-132 《佛山经济就是这个"范儿"》动画角色设计

4）场景设计

此动画的场景镜头不是很多，主要的场景设计是场景中建筑物等的设定，所以我们把佛山有代表性的建筑进行拍照后在 Flash 软件中勾线、上色，做出与动画风格统一的场景元素，使画面统一协调（见图 3-133）。

4. 其他设计

1）声音风格设计

此动画片的配音由佛山电视台的专业播音人员录制，动画制作团队可以按照他们的配音直接制作相应的动画画面。

2）动作风格设计

MG 动画是平面设计与动画片结合的产物。MG 动画是非叙述性、非具象化的视觉表现形式。它时间短、扁平化、节奏快，单位时间内承载的信息量较大，并且可以通过其特有的节奏变化和丰富的动画形式对大量碎片化信息进行整合，使信息更加容易理解，符合本项目的特点。

图 3-133 《佛山经济就是这个"范儿"》动画场景建筑设计

5. 绘制分镜头脚本

由于时间紧、任务重,再加上师生已经做过很多类似的 MG 动画的校企合作项目,所以可以直接对文字脚本进行文字分镜头的制作(图 3-134),跳过了绘制分镜头的环节(如果时间充足,建议大家仍要绘制分镜头)。

镜头	文字	背景、道具	动画效果	时间(a)	备注
片头	既有好身材也有好颜值,佛山经济就是这个"范儿"	文字、标志、背景	猴赛雷效果	5	
1	2015,佛山经济实现了平稳快速发展	佛山新城、道路、汽车	雨后春笋般	4	
	智能智造推动产业结构优化升级,受到国务院通报表扬	智能机器人、机器臂	运动、摆动	8	
	2016年全国经济体制改革工作会议在北京召开	北京	出现、往下掉、	5	
	佛山成为全国唯一应邀参会并发言介绍经验的地级市	全国唯一、地级市	飞出	6	
2	2016,佛山经济要推进供给侧改革攻坚,我们既要好身材,也要"高颜值"	帅气的角色	魅力特写	9	
	全市地区生产总值预计增长8%~8.5%	生产道具厂房等	增长或跳动感	5	
	人均地区生产总值增长7%~7.5%			4	
3	构建先进制造业和现代服务业双轮驱动的产业体系,练就一副"好身材"。	先进制造业和现代服务业、双轮、帅气角色	快速转动更换	8	
	提振民营企业家信心,优化传统优势产业,工业技改投资超过35%	民营企业、工业改革机器人等	出现、往下掉、飞出	8	
	壮大一批百亿企业,要让大企业顶天立地,中小企业铺天盖地,扎稳下盘	大中小企业或厂房	掉下、扎稳	8	
4	大力发展"互联网+智能制造"	11互联网+1、智能机器人、机器臂	增长效果	4	
	加快发展先进装备制造	智能机器人、机器臂		4	
	建设珠江西岸先进装备制造基地,练就一副"铁腰"	珠江西岸版图、6块腹肌	顶呱呱	5	
5	大众创新,万众创业	潮流创业	增长效果	2	
	强化企业创新主体,力争今年全市高新技术企业达到1000家			5	
	集聚新动能,练得一身"好功夫"	化身李小龙	超级变变变	3	
6	既要好身材,还要"高颜值"	角色、镜子	移动、竖头发、特写等	3	
7	佛山今年要向改革要红利,深化改革,打造不是自贸区的自贸区,推进国家制造业转型升级试点	自贸区、转型升级	打造、推进等	10	
	全面推进权责清单,推动一网式、一门式政务服务	权责清单、一网式、一门式	圆形飘动	5	
	加强城市管理,推动品质提升,建设美丽宜居城市,颜值也是杠杠的	佛山新城、道路、汽车	雨后春笋般	5	
8	2016年,佛山经济,就是这个范儿	佛山地标、大拇指	顶呱呱	6	
片尾	嗯,他就是那个"男神"	出现两会的图片等	猴赛雷效果	5	

图 3-134 《佛山经济就是这个"范儿"》文字分镜头

6. 中期制作：角色动画的设计与实现

分镜头脚本完成后，导演就可以通过分镜头来了解短片的工作量了，具体包括每个镜头原动画制作的难度和数量，绘景师需要绘制的背景数量等。此外，要尽早梳理出复杂和困难的镜头，以确定绘制手法和需要用到的软件，提出解决方案，以便顺利地进入中、后期制作环节。

《佛山经济就是这个"范儿"》动画中期的制作时间非常短，为了节省时间，提高效率，项目组 3 位导师分工合作，每人带领 2 位同学进行动画制作，边制作边沟通，相互协助并统一动画风格。图 3-135~ 图 3-142 是部分同学制作的画面。

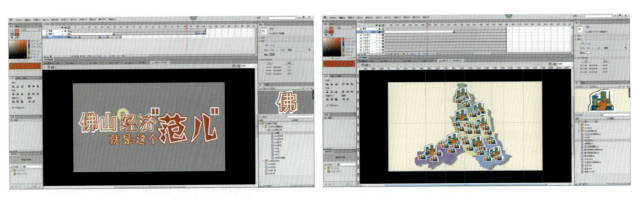

图 3-135 《佛山经济就是这个"范儿"》动画制作过程实现 1

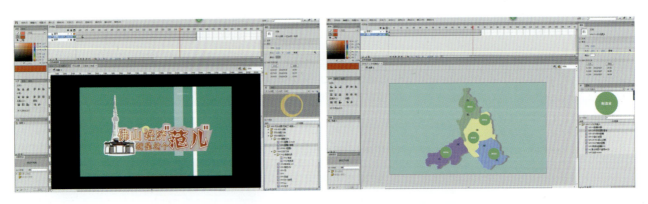

图 3-136 《佛山经济就是这个"范儿"》动画制作过程实现 2

图 3-137 《佛山经济就是这个"范儿"》动画制作过程实现 3

 图 3-138 《佛山经济就是这个"范儿"》动画制作过程实现 4

 图 3-139 《佛山经济就是这个"范儿"》动画制作过程实现 5

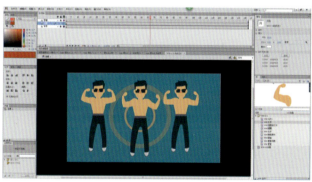

 图 3-140 《佛山经济就是这个"范儿"》动画制作过程实现 6

 图 3-141 《佛山经济就是这个"范儿"》动画制作过程实现 7

图 3-142 《佛山经济就是这个"范儿"》动画制作过程实现 8

7. 后期制作

当所有的镜头绘制完成之后,影片就进入了后期制作阶段。在这个阶段,后期合成人员要将绘制完成的所有镜头和声音素材合成到一起,通过画面剪接、声音制作和渲染输出等工序,最终制作出一部完整的动画片。

(1) 镜头的合成。将所有学生制作的镜头进行汇总,按序号进行合成。此时要注意如有文件是同名的,可以先更改文件名称,然后再汇总,这样最后播放时才不会出错,而且要注意空镜的运用。

(2) 特效的合成。导出 AVI 格式的影片,再导入 Adobe After Effects 软件中进行修改,添加必要的特效等。

(3) 音乐、音效与对话的合成。在 Adobe After Effects 软件中导入音乐等,特别是对白要和动画片中人物说话的口型一致,这样才能把握住每个镜头的准确性。最后导出 AVI 或者 MP4 格式的影片(见图 3-143)。

图 3-143 《佛山经济就是这个"范儿"》动画后期制作

8. 作品宣传

由于版权问题,该动画只能通过客户的政府媒体网站进行发布和宣传,我们只可用于教学(资料中有视频文件)。

3.5.6　项目总结

（1）本项目时间急、任务重，从开始到交稿再到提交，其过程也是"惊心动魄"，赶在最后时刻完成并顺利在大会上播放展示，获得了很好的效果。

（2）学生们经过本次项目感受到了团队协作的重要性，同时也了解了正规公司制作动画片的流程与要求。

（3）学生们明确了制作 MG 动画的两个要点：一是节奏（加速与减速运动规律）；二是排版（画面的布局美感）。

（4）通过本次项目，学生在客户要求和动画风格的把握方面有了很大进步。

3.6　独当一面：金婚纪念献礼实训案例——《爱，一辈子》（MG 动画）

3.6.1　项目背景

本项目是为对老夫妻结婚 50 年（金婚）纪念而制作的动画片。客户计划在酒店的大堂屏幕上以可爱、有趣的动画形式展示父母 50 年来共同携手走过的美好生活。客户向制作组提供了大概的文案脚本和家庭成员的照片，以便更好地设计卡通形象，使故事更加生动准确。

3.6.2　项目目标

通过观看这部金婚动画短片，让在座的亲朋好友能够回忆起两位老人 50 年以来经历的风风雨雨与幸福感人的点点滴滴。

3.6.3　项目时间

项目制作时间为 10 个工作日。

《爱，一辈子》素材和动画 .rar

3.6.4　分配任务

从接到文案到动画渲染完成共 10 天的时间里，辅导教师刘德标、孙莹超与梁裕荣、张彩汇、刘蓝蕊、杨然晴、李霞 5 位同学根据所绘文案展开探讨并设计分镜头，他们分工合作、精益求精，最终在庆典上播放，得到客户及其亲朋好友的一致好评。

3.6.5　项目实施

1. 项目动画成片欣赏

《爱，一辈子》是一部纪念爱情的动画片。以男女主角从年轻时相识、相恋、结婚、分隔两地、教育子女、子女结婚到生子、一家老小享受天伦之乐的时间线进行阐述和表达。动画采用简洁的漫画造型，以清晰、简洁的位移动画为主，通过过往的画面，勾起大家的美好回忆，纪念伟大的爱情（见图3-144）。

图3-144 《爱，一辈子》动画截图

2. 剧本

1）剧本的构思

剧本通过回忆的形式纪念结婚50年的父母从相识、恋爱、结婚、生子、女儿出嫁、儿孙满堂的美好时光，借此感谢父母的养育之恩，并表达希望父母身体健康、相亲相爱、永远幸福的美好祝愿。

2）动画故事的目的

（1）给老人美好的回忆（从青年到老年）。

（2）赞扬他们一生所为，平凡而伟大，传承下一代。

（3）这个家永远需要爸爸和妈妈。……

3）文学剧本

20世纪60年代，一对年轻人相识相知，从此牵手走过50年，风雨同路；他们勤恳工作，生育了两个女儿，并将她们培养成材，看着她们成家、生儿育女……平凡的家庭有着幸福的小故事……最后，拍一张全家福。

3. 前期美术设计

1）资料的收集

根据与客户的沟通，明确家人的数量、构成及每个家庭成员的性格与喜好，通过整理信息进行草稿的绘制（见图3-145），绘制完成要及时与客户沟通并进行修改。

🔴 图 3-145 《爱，一辈子》动画角色设计草稿

2）场景与道具设计

《爱，一辈子》动画中的场景是通过客户提供的老照片进行创作加工的，创作过程中尽量使场景与画面符合 20 世纪 60 年代的氛围，特别是在道具的设计上，将照片中的老物件与现代物件进行对比、融合（图 3-149）。从绘制草稿到上色都要多次与客户沟通（见图 3-146~ 图 3-149），以减少后期修改的任务量。

🔴 图 3-146 《爱，一辈子》动画道具设计线稿

🔴 图 3-147 《爱，一辈子》动画公园设计线稿

🔴 图 3-148 《爱，一辈子》动画草地上色

🔴 图 3-149 《爱，一辈子》动画房屋上色

4. 声音风格设计

《爱，一辈子》动画声音采用抒情、追忆情感的配乐（见图 3-150），营造出一种情感氛围，结合动画的画面，增强代入感。

前期的素材分类如图 3-151 所示。

🔴 图 3-150 《爱，一辈子》动画音乐收集

图 3-151 《爱，一辈子》动画前期素材分类

5. 绘制分镜头脚本

在动画片整体美术风格确定完成以后，接下来将进入分镜头脚本的绘制过程。分镜头脚本是动画制作过程中的重要环节，也是将文字剧本视觉化的过程。

《爱，一辈子》动画的分镜头脚本从镜头、事件、内容、画面、背景等方面进行设定（见图 3-152），分镜头脚本使制作动画的同学对制作内容和步骤一目了然。

镜头	事件	内容	画面	背景	情景描述	季节
1	相识	一对小年轻相识相知，播下爱的种子		顺德一中运动场	1. 左上角"顺德一中" 2. 右侧运动场，男主角在练习双杠 3. 女主角路过运动场，看到男主角很欣赏，在远处凝望	夏
2	结婚	单车接新娘		老的小房子	1. 老房子在右上角 2. 在路上，男主角骑着一辆自行车带着女主角，向房子的方向而去 3. 老房子灯亮了 4.	秋
3	两地分居	漠河相聚—中国最北的地方		大冬天，从此天各一方	1. 火车呜呜，车站含泪送别 2. 北风中，女主角来到工厂，两人相聚一刻	冬

图 3-152 《爱，一辈子》动画分镜头设计

镜头	事件	内容	画面	背景	情景描述	季节
4	生大女儿	一份工资多种分配的艰苦岁月		托儿所	1. 左边工厂、右边幼儿园 2. 母亲一手抱着孩子，一手拿着36元，向托儿所走去……独自撑起生活的一切	春
5	小女儿长大	做功课不许看电视		家里客厅	1. 左上角小客厅里有电视机 2. 右下方女儿做作业，母亲系着围裙，唠叨"做功课不能看电视"	夏
6	一家出行	北京旅游	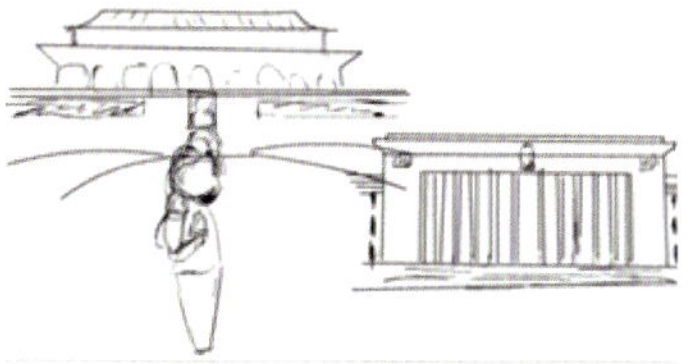	北京天安门	1. 左边天安门、右边人民大会堂 2. 爸爸背着小女儿，走过天安门广场	夏
7	女儿出嫁	女儿出嫁，全家喜气洋洋		老房子，家里多了两个女婿	房子的窗户/屋顶伸出4个脑袋，后来又多了两个脑袋	秋
8	孙子出生	外孙出生外婆忙里忙外、一家四口在公园散步	 	医院、公园	1. 左边医院，一家三口从门口出来；一家四口又出来 2. 外公、外婆和外孙们一起在公园散步	秋
9	全家福	四面八方走来拍合照		照相馆	9个人从四面八方先后跑出来，坐在一起，大合照	

图 3-152（续）

6. 中期制作

1) 设计稿

《爱，一辈子》动画中角色的设计从草稿到上色稿，必须与客户多次沟通，直到客户满意后才能确定（见图 3-153）。

图 3-153 《爱，一辈子》动画角色上色稿

2) 线稿处理

人物设定以后，场景道具也要尽快上色并确定风格。《爱，一辈子》动画场景采用纸片化风格进行设计，使场景更有个性，同时体现画面的年代感（见图 3-154）。

图 3-154 《爱，一辈子》动画道具上色

《爱，一辈子》动画的中期制作主要采用了位移动画、关键帧动画的方式制作完成。中期制作的难点在于表达情感的音乐与动画节奏之间的搭配部分，搭配得合理，就会使动画的意境更加完美，观众的代入感更好。同时，在制作过程中可以根据场景的不同进行分工制作（见图 3-155~ 图 3-161）。

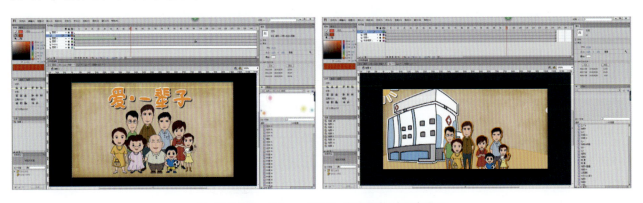

图 3-155 《爱，一辈子》动画制作过程实现 1

第 3 章　二维动画制作实训案例

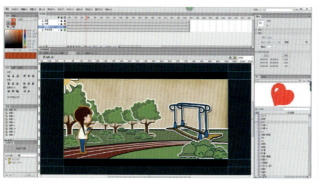

↑ 图 3-156　《爱，一辈子》动画制作过程实现 2

↑ 图 3-157　《爱，一辈子》动画制作过程实现 3

↑ 图 3-158　《爱，一辈子》动画制作过程实现 4

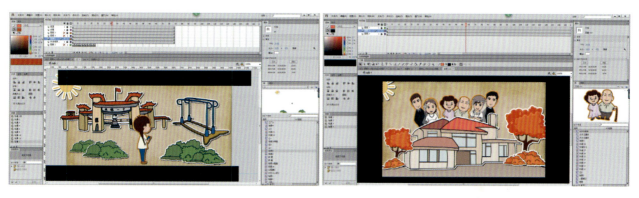

↑ 图 3-159　《爱，一辈子》动画制作过程实现 5

87

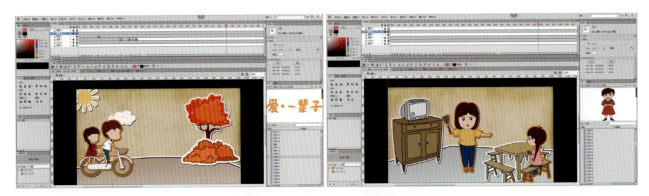

图 3-160 《爱，一辈子》动画制作过程实现 6

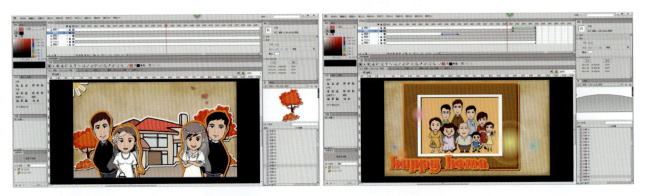

图 3-161 《爱，一辈子》动画制作过程实现 7

7. 后期制作

当所有的镜头绘制完成之后，影片就进入了后期制作阶段。在这个阶段，后期合成人员将绘制好的所有镜头和声音素材合成到一起，通过画面剪接、声音制作和渲染输出等工序（见图 3-162），最终制作出一部完整的动画片。

图 3-162 《爱，一辈子》动画合成

8. 作品宣传

由于客户的隐私问题，该动画不允许在网络等平台进行发布和宣传，只可用于教学。

3.6.6 项目总结

（1）此次项目是对工作室成员一次新的考验，这种装饰性的画面与青春怀旧风格的动画是我们接触得比较少的类型，其中有些地方做得比较粗糙，欢迎大家批评指正。

（2）此类动画注重画面的装饰性与画面的动画效果，对角色的造型与角色的运动规律要求不是特别高。

（3）开始文字的点缀与有点纹理效果的牛皮纸背景，使画面的风格统一协调，搭配上欢快的背景音乐，使整个动画片有很好的代入感，看起来非常舒服。

（4）整部动画片画面完整、节奏欢快、风格统一，是一部值得推荐给大家欣赏的实验动画片。

参 考 文 献

[1] 邓林. 世界动漫产业发展概论 [M]. 上海：上海交通大学出版社，2008.

[2] 黄颖. 动画设计概论 [M]. 上海：上海人民美术出版社，2014.

[3] 张晓叶，杨丽娟，吕澄. 动画短片创作 [M]. 北京：中国青年出版社，2015.

[4] 张峤，桂双凤. Flash 动画运动规律与原画绘制 [M]. 北京：机械工业出版社，2014.